検証・安保法案

どこが憲法違反か

長谷部恭男〈編〉

大森政輔　柳澤協二

青井未帆　木村草太

有斐閣

日本国憲法

九条

① 日本国民は、正義と秩序を基調とする国際平和を誠実に希求し、国権の発動たる戦争と、武力による威嚇又は武力の行使は、国際紛争を解決する手段としては、永久にこれを放棄する。

② 前項の目的を達するため、陸海空軍その他の戦力は、これを保持しない。国の交戦権は、これを認めない。

はしがき

本年五月に第一八九回国会に提出された一連の安保関連法案（「我が国及び国際社会の平和及び安全の確保に資するための自衛隊法等の一部を改正する法律案」「国際平和共同対処事態に際して我が国が実施する諸外国の軍隊等に対する協力支援活動等に関する法律案」）は、その核心において憲法九条に反して集団的自衛権の行使を容認する点など、深刻な問題点を数多く含んでいる。本書は、憲法・安全保障等、各分野の専門家の方々による安保関連法案の問題点の検証・分析の成果を社会に広く示すため、緊急に刊行されたものである。

本書の出版にあたっては、有斐閣雑誌編集部の方々、とりわけ全体の指揮を執られた亀井聡雑誌編集部長に懇切なお世話をいただいた。ここに厚く御礼申し上げる。

二〇一五年七月

長谷部恭男

目次

資料

長谷部恭男

HASEBE Yasuo

1956年生まれ。早稲田大学教授（憲法）。1979年東京大学法学部卒業後，学習院大学法学部助教授，東京大学教授等を経て，2014年より現職。2007年から2014年まで国際憲法学会（IACL）副会長を務める。

大森政輔

OMORI Masasuke

1937年生まれ。弁護士。1960年京都大学法学部卒業後，大阪地裁判事等を経て，1978年法務省へ出向。内閣法制局総務主幹，第2部長，第1部長，法制次長等を歴任後，1996年1月から1999年8月まで内閣法制局長官。同年11月弁護士登録。

柳澤協二

YANAGISAWA Kyoji

1946年生まれ。1970年東京大学法学部卒業後，防衛大臣官房長，防衛研究所長等を経て，2004年から2009年まで内閣官房副長官補（安全保障・危機管理担当）。現在，NPO法人国際地政学研究所理事長，同・新外交イニシアティブ理事。

青井未帆

AOI Miho

1973年生まれ。学習院大学教授（憲法）。1995年国際基督教大学教養学部卒業。東京大学大学院法学政治学研究科修士課程修了，博士課程単位取得満期退学。信州大学経済学部准教授，成城大学法学部准教授等を経て，2011年より現職。

木村草太

KIMURA Sota

1980年生まれ。首都大学東京准教授（憲法）。2003年東京大学法学部卒業後，2006年より現職。

序論

早稲田大学教授
長谷部恭男

本年五月に国会に提出された一連の安保関連法案は、その核心的な部分、つまり集団的自衛権の行使を容認する点において明白に違憲の瑕疵を帯びる上、その他にも数多くの重大な欠陥を含んでおり、しかも、日本の安全保障にとってはむしろ有害であって、廃案とされるべきものである。この序論では、いくつかの点をめぐって、安保関連法案の問題点を指摘する。

1 集団的自衛権行使容認の違憲性

集団的自衛権の行使を容認した昨年七月一日の閣議決定（以下「七月閣議決定」という）は、合憲性を基礎づけようとするその論理において破綻しており、自衛隊の活動範囲についての法的安定性を大きく揺るがすものであるのみならず、日本の安全保障に貢献するか否かもきわめて疑わしい。七月閣議決定の内容は、本年五月に国会に提出された安保関連法案として具現化されている。

憲法九条の下で武力行使が許されるのは、個別的自衛権の行使、すなわち日本に対する急迫不正の侵害があり、これを排除するために他に適当な手段がない場合に行使される、必要最小限度のやむを得ない措置に限られる、との政府の憲法解釈は、一九五四年の自衛隊創設以来、変わることなく維持されてきた。集団的自衛権の行使は典型的な違憲行為であり、憲法九条を改正することなくしてはあり得ないことも、繰り返し政府によって表明されてきた。

七月閣議決定は、政府の憲法解釈には「論理的整合性」と「法的安定性」が要求されるとし、「論理的整合性」を保つには、従来の政府見解の「基本的な論理の枠内」にあることが求められるとする。そして、「我が国と密接な関係にある他国に対する武力攻撃が発生し、これにより我が国の存立が脅かされ、国民の生命、自由及び幸福追求の権利が根底から覆される明白な危険」がある場合には、当該他国を防衛するための集団的自衛権の行使も許容されるとしている。そして、今回の安保関連法案においても、→資料5頁自衛隊法七六条一項に、内閣総理大臣が自衛隊に防衛出動を命じることができる場合として、この文言が新たに付け加えられている（二号）。

これは、個別的自衛権の行使のみが憲法上、認められるとの従来の政府見解の論拠に基づいて、集団的自衛権の行使が限定的に認められるかのように見せかけようとするものである。しかし、自国を防衛するための個別的自衛権と、他国を防衛するための集団的自衛権とは、全く本質を異にしており、前者のみが許されるとするその論拠が、後者の行使を容認するための論拠となるはずがない。

「法的安定性」については、七月閣議決定は、何ら語るところがない。しかし、ホルムズ海峡での機雷掃海活動が許容されるか否かについて、連立を組む与党の党首の間で見解が異なることを見れば、集団的自衛権の行使に対して明確な「限定」が存在しないことは明らかである。「我が国の存立が脅かされ、国民の生命、自由及び幸福追求の権利が根底から覆される明白な危険」という、いかにも限定的に見える法案の文言と地球の裏側まで自衛隊を派遣しようとする政府の意図との間に、常人の理解を超えた異様な乖離があり、この文言が持つはずの限定的な役割が否定されていると言わざるを得ない。機雷掃海活動を超える武力の行使についても、時の政権によって必要と判断されるならば、行使されないという法的論拠は存在しない。安倍首相は「あれはしない、これもしない」と言い張っているが、それは彼が今現在そのつもりでいる、というだけであり、彼が考えを変えればそれまでの話である。歯止めは存在しない。

したがって、いかにも限定的に見える上記文言も、武力の行使を限定する役割を果たすことはない。そうだとすれば、解釈変更後の武力行使の範囲が、従前の政府見解の基本的な論理の枠内に入っているはずもない。

これに対して、上記文言は、七月閣議決定が、それまで個別的自衛権の行使とされてきた場面の一部を集団的自衛権の行使として整理し直したにとどまるもので、したがって、従来の政府見解の枠内に収まっているとの主張も見られる。

こうした主張を額面通りに受け取るわけにはいかないことは、ここまで述べてきた通りである。しかも、かりにこの主張を額面通りに受け取るとすると、以下のような奇妙な帰結が生ずる。つまり、集団的自衛権の行使が許容されるとしても、それはあくまで、日本を防衛する目的のためだ――日本の存立が脅かされる明白な危険がある場合に、それを排除する目的に限られる――ということになる。とすると、たとえば韓国が攻撃されたために、日本の存立の危機が生じたときは、韓国を集団的に防衛する権利を行使できるが、それはあくまで日本防衛の目的のためだということになる。これを聞いて、韓国の人々はどう思うであろうか。

しかも、集団的自衛権の行使が許されるのは、国際法上、攻撃を受けた国からの援助要請がある場合に限られる（国際司法裁判所ニカラグア事件判決）。したがって、韓国が攻撃を受けて、そのため日本の存立の危機が生じた場合でも、韓国からの援助要請がない限り、日本は自身の存立の危機が深まるのを、手を拱いて見守るしかないこととなる。個別的自衛権の行使とされてきた場面の一部を集団的自衛権の行使として整理し直すことは、この通り、日本の安全を明らかにより危険な状態にする。

つまり、従前と同様、日本自身の防衛のためにのみ武力を行使する、日本はより安全になるという政府の主張は、到底額面通りに受け取ることはできない。アメリカの戦争の下請けとして、世界中で武力を行使し、後方支援をするための法案であることは、このことからも明らかである。

2 砂川事件最高裁判決の先例性

砂川事件最高裁判決を根拠に集団的自衛権の行使が合憲であるとの主張もなされているが、砂川事件で問題とされたのは、日米安全保障条約に基づく米軍駐留の合憲性であり、同条約は日本の個別的自衛権とアメリカの集団的自衛権との組み合わせで日本を防衛しようとするものである。日本が集団的自衛権を行使し得るか否かは、全く争点となっていない。

よく引き合いに出される「わが国が、自国の平和と安全を維持しその存立を全うするために必要な自衛のための措置をとりうることは、国家固有の権能の行使として当然のこと」という文言が現れる判決文の段落は、「憲法九条は、わが国がその平和と安全を維持するために他国に安全保障を求めることを、何ら禁ずるものではない」という結論で締めくくられている。つまり、憲法九条により「戦力は保持しない」ことから「生ずるわが国の防衛力の不足」を、アメリカに「安全保障を求めること」で補うことは禁じられていないとの結論を引き出す過程で、日本は「必要な自衛のための措置」をとり得ると述べられているにとどまる。

最高裁判決の先例としての価値——つまり、当該先例から引き出される一般法理——は、あくまでいかなる具体的争点に対してなされた判決かに即して決まる。砂川事件判決から集団的自衛権の行使が合憲であるとの結論が導かれるとの主張は、こうした法律学の基本原則と衝突する。最高裁が傍論において重要な憲法判断を示すことはあるが（朝日訴訟、皇居前広場訴訟等）、それらの判決では、最高裁が傍論において意図的に一般的な憲法法理を述べたことが明示され、誰の目にも明らかであった。砂川事件判決では、そうした事情はない。前の段落で述べたように、集団的自衛権の行使を許容する最高裁の意図があったとは、全く認められない。

自民党の政治家は、最高裁がある種の統治行為論をとったことにも、救いを求めようとしているようであるが、これは、個別の紛争を決められた手続の下、限られた証拠のみに基づいて裁く司法機関である裁判所が、国家の存立にかかわる問題について政治部門の判断に対して謙譲を示すべきか否かという問題にとどまる。最高裁が回答を示すべきか否かという問題と、当該法令が違憲か合憲かという問題は、レベルが異なる。たとえ最高裁が判断を示さないとしても、違憲の法律は違憲である。

そもそも、一方で最高裁が判断を避けていることを強調しておきながら、他方で判決文の片言隻句の意味を文脈から完全に切り離し、針小棒大に拡張して、集団的自衛権行使の根拠としようとするのは、牽強付会の域をも超えた暴論であろう。

3　外国軍隊等の武力行使との一体化

現在国会に提出されている安保関連諸法案によれば、自衛隊による外国軍隊の後方支援に関して、従来の→資料54頁「戦闘地域」と「非戦闘地域」の区別が廃止され、しかも自衛隊は、新たに→資料62頁弾薬の供与や発進準備中の航空機への給油を行い得ることとされている。

このうち、弾薬の供与や発進準備中の航空機への給油は、まさに憲法違反の「一体化」そのものである。

一般的には、自衛隊の活動が外国軍隊の武力行使と一体化し、そのため「武力の行使」を禁ずる憲法九条に違反することになるかについては、従来、①他国の活動の現況、②自衛隊の活動の具体的内容、③他国が戦闘行動を行う地域と自衛隊の活動場所との地理的関係、④両者の関係の密接性、の四点に照らして総合的に判断すべきものとされてきた。しかし、こうした具体の状況に即した総合的判断を現場の指揮官がその都度、行うことは至難の技である。「戦闘地域」と「非戦闘地域」との区分は、一律の判断が行えるよう、ある程度の余裕を見て自衛隊の活動地域を区分しようとの配慮に基づくものである。

現在の法案が示している→資料53頁「現に戦闘行為が行われている現場では（自衛隊の活動を）実施しない」との条件では、

刻々と変化する戦闘の状況に対応し得るはずがない。具体的状況により、外国軍隊等の武力行使との一体化につながるおそれがきわめて高いと言わざるを得ない。

4 日本の安全保障の実質的な毀損

より実質的に考えても、七月閣議決定は、集団的自衛権の行使が容認される根拠として、「我が国を取り巻く安全保障環境」の変化を持ち出しているが、その内容は、「パワーバランスの変化や技術革新の急速な進展、大量破壊兵器などの脅威等」というきわめて抽象的なものにとどまっており、説得力ある根拠を何ら提示していない。我が国を取り巻く安全保障環境が、本当により厳しい、深刻な方向に変化しているのであれば、限られた我が国の防衛力を地球全体に拡散するのは愚の骨頂である。

世界各地でアメリカに軍事協力することで、日本の安全保障にアメリカがさらにコミットしてくれるとの希望的観測が語られることがある。しかし、アメリカはあくまで日米安全保障条約五条が定める通り、「自国の憲法上の規定及び手続に従って」条約上の義務を果たすにとどまる。本格的な軍事力の行使について、アメリカ憲法は連邦議会の承認をその条件としていることを忘れるべきではない（米憲法一篇八節一一項）。いざというとき、アメリカが日本を助けてくれる保障はない。いかなる国も、その軍事力を行使するのは、自国の利益に適う場合だけであることを肝に銘じる必要がある。

集団的自衛権の行使を容認することで抑止力を高めることが安全保障に寄与する保障も存在しない。我が国が抑止力を高めれば、相手側はさらに軍備を強化し、安全保障環境は悪化する可能性も少なくとも同じ程度に存在する。安保関連法案が日本の安全に資することがあるとは、考えにくい。

5　本書の構成

本書は以下、木村草太氏へのインタビュー、大森政輔氏と私との対談、青井未帆氏および柳澤協二氏による論考によって構成される。

木村氏は、安保関連法案の憲法上の問題点の他、合憲論の根拠として砂川事件判決を持ち出すことの不可解さについても、分かりやすく語っている。大森氏は、元内閣法制局長官としての学識と経験を踏まえ、従来の政府見解の立場からして、安保関連法案が論理的整合性の点でも法的安定性の点でも大きな欠陥を含むことを指摘する。青井氏は、憲法九条の下で自衛隊の活動が認められた領域を、自国を守るための必要最小限度の武力の行使であるから許される活動領域と、武力の行使にあたらないために許される活動領域とに区別し、それぞれの領域について、安保関連法案がきわめて問題のある拡張をはかっていることを説明する。柳澤氏は、内閣官房副長官補として安全保障政策の企画立案にあたった経験から、安保関連法案が日本の安全保障を損なうリスクを指摘する。

また、資料として、安保関連法案の主要部分を現行法と対照させた形で収めた（関係する条文に言及する箇所では、対応する資料掲載頁を横に付している）他、憲法、国際法、安全保障などの分野の専門家、実務家により設立された国民安保法制懇の数次にわたる見解や、那須弘平氏（弁護士・元最高裁判事）が本年四月七日に日弁連の集会で行ったスピーチの要旨「憲法前文と集団的自衛権」を収めている。

【参考文献案内】

国会に提出された安保関連法案——正式名称は「我が国及び国際社会の平和及び安全の確保に資するための自衛隊法等の一部を改正する法律案」と「国際平和共同対処事態に際して我が国が実施する諸外国の軍隊等に対する協力支援活動等に関する法律案」である——は、内閣官房のホームページ（http://www.cas.go.jp/jp/houan/189.html）で閲覧することができる。

集団的自衛権の問題を含む憲法九条にかかわる、昨年七月の閣議決定以前における政府の見解解釈は、阪田雅裕編著『政府の憲法解釈』（有斐閣、二〇一三年）の第Ⅰ章「戦争の放棄」でまとめられている。

砂川事件判決（最大判昭和三四・一二・一六刑集一三巻一三号三二二五頁）に関する解説は多い。たとえば、長谷部恭男ほか編『憲法判例百選Ⅱ〔第六版〕』（有斐閣、二〇一三年）三六〇頁以下の浦田一郎教授の解説を参照。

国際司法裁判所ニカラグア事件判決（本案）（*ICJ Reports, 1986*, p. 14）については、たとえば、小寺彰ほか編『国際法判例百選〔第二版〕』（有斐閣、二〇一一年）二一六頁以下の浅田正彦教授の解説がある。

アメリカが安全保障条約一般に自動執行性を認めていない（相手国が攻撃を受けたからといって、アメリカが自動的に参戦するわけではない）点については、長谷部恭男『続・Interactive 憲法』（有斐閣、二〇一一年）第7章「憲法と条約」で説明している。

日米安保条約と自衛隊をめぐる最新の安全保障論については、遠藤誠治編『日米安保と自衛隊』（岩波書店、二〇一五年）所収の各論稿参照。

憲法と国家と戦争をめぐる密接な関係について、その思想史的背景にさかのぼって勉強したいという方には、さしあたり、長谷部恭男『憲法と平和を問いなおす』（ちくま新書、二〇〇四年）をおすすめしたい。本書では、立憲主義という考え方がなぜ大切なのか、その理由についても説明している。

［インタビュー］

安保法案のどこに問題があるのか

首都大学東京准教授
木村草太

集団的自衛権というもの

――今国会に提出された安保関連法案では、集団的自衛権の行使が認められることになっています。その合憲性についてお聞かせいただきたいと思います。

■国際法上の武力不行使原則との関係で理解できる

――まず、「集団的自衛権」って何なのでしょう。他国が攻撃されたときにそれを助けるわけですね。それを自衛と呼ぶのがよくわかりません。議論の中では、「集団安全保障」という言葉も出てきますが、それと同じものなのでしょうか。

木村　この点は、憲法というよりは国際法の話です。国連憲章の体系をみていただければわかると思います。集団的自衛権というのは、国連憲章に登場する国際法上の概念ですが、言葉としては比較的新しい概念です。国連憲章二条四項は、国家が武力を行使すること、武力によって威嚇することを、違法としています。これを「武力不行使原則」といいます。武力行使は、日本国憲法が禁止しているだけでなく、国際法上も一般に許されないものとされているわけです。ただし、国際法上、武力行使が許容される場合が一切ないのかといえばそうではなく、武力不行使原則については国連憲章上三つの例外が認められています。

まず、国連安保理決議に基づく加盟国もしくは国連軍による武力行使です（国連憲章四二条）。これが、「集団安全保障」と呼ばれる措置です。つぎに、国連安保理やその決議は、多数の国で構成される会議体ですし、五大国の拒否権もありますから、必要な事態に迅速に対応することができないこともあるでしょう。そこで、国連の措置がとられるまでの間は、臨時の措置として各国が自衛権を行使することが認められています（国連憲章五一条）。自衛権には、個別的自衛権と集団的自衛権があるとされ、個別的自衛権というのは、武力攻撃を受けた国が自分を守るために反撃をする権利です。他方、集団的自衛権というのは、ある国が武力攻撃を受けた場合に、直接に攻撃を受けていない外国が共同して武力攻撃への反撃に加わる権限と定義されています。

以上から、集団的自衛権とは何かと問われれば、「国連憲章上認められた武力不行使原則の三つの例外のうちの一つ」と説明できます。

■憲法による二つのハードル

――国際法上、他国を助けるための武力行使も「自衛権」なのですか。そうすると、憲法には九条で戦争を放棄すると書いてあるけれども、自衛権の行使を禁止するとは書いていないのだから、その行使は許されるという考えかたが成り立ちそうにも思えます。集団的自衛権を憲法上行使できないということは、どのように導かれるのでしょうか。

木村　集団的自衛権の行使が憲法違反であるとされる理由は様々ですが、体系的に説明すると、組織法上の権限規定の問題と、作用法上の禁止規定の問題と、大きく二つの問題に分けることができます。

集団的自衛権の行使に限らず、ある国家機関の行為を憲法違反ではない、合憲であると評価するためには、二つのハードルがあります。一つ目のハードルが、ある行為をすることが国家機関の権限の範囲に含まれるという組織法上の根拠が必要であるというものです。二つ目のハードルとして、ある行為を禁止する規定がない（あるいは自由を制約するような場合であれば、法律の留保の原則に適合するような十分な法律上の根拠がある）といった作用法上の根拠も必要となります。

■行為の根拠となる規定があるか

――集団的自衛権の行使は、そのどちらかに引っ掛かるわけですね。

木村　集団的自衛権の行使は、まず組織法上の権限が欠けている、権限を付与する規定がないという面が問題となります。

これを説明するには、憲法上どのような権限が内閣に割り当てられているかということから話をしなければなりませんので、そこまで遡ってお話ししましょう。現在の内閣が持っている権限は、「行政権」と「外交権」に限られます。行政権というのは、政府の権限一般ということではなく、国内統治作用の中から「立法権」と「司法権」を除いたもの、と定義されます。

個別的自衛権の行使――すなわち国内の防衛行政――については、国内の主権を維持し管理するための作用と説明ができるので、行政権の一部、国内統治作用の一つとして説明がつきます。また、武力行使に至らない範囲での外交協力については、外交権の行使として説明ができるでしょう。しかし、個別的自衛権の行使といえない武力行使、つまり自分の国を守るためのものとして説明できない武力行使は、防衛行政としては説明ができません。また、武力行使に及んでいるので外交協力としても説明ができない。軍事権の行使として説明をする必要があるということになります。ところが、先ほど述べたように、現在の日本国憲法は行政権および外交権のみを政府に付与していて、軍事権を付与していません。このことは、憲法七三条をみると非常に明確です。内閣の権限として、一般行政事務、法律の執行という意味での行政、国内法の執行、外交協力といったものが書かれていますが、そこには軍事に関する権限は書かれていないわけです。

日本国憲法だけを読むと、軍事についての規定が欠けているということには気づきにくいのですが、外国の憲法と比較すれば明らかです。軍事活動を想定している国であれば必ず軍事に関する規定があるといってよいと思います。軍隊を持っている、アメリカ、ドイツ、フランスのいずれの憲法にも軍事に関する規定があるわけです。また、大日本帝国憲法にも「天皇ハ陸海軍ヲ統帥ス」（一一条）、「天皇ハ戦ヲ宣シ和ヲ講シ」（一三条）というようなかたちで、宣戦布告や陸海軍の統帥権を天皇に認める権限規定がありました。これと比べると、日本国憲法には、軍事権に関する規定は一切ない。軍事権をカテゴリカルに消去しているということが明確にわかる。

憲法とは主権者である国民の意思です。国民はそもそも内閣に軍事権を負託していない。主権者である国民から軍事権を与えられていないわけですから、軍事権の行使としてしか説明のできないような権限の行使はできないということです。集団的自衛権の行使は、自国の主権を維持する活動ではありませんから、行政権の行使ではない。また、攻撃相手国の主権を制圧する活動ですから、外交権の行使でもない。あくまで軍事権の行使だと理解するしかないので、内閣の権限外行為であるということになります。

■行為を禁止する規定が置かれていないか

――集団的自衛権の行使が容認された国ならば軍事に関する規定が憲法にあるはずだということですね。

木村　つぎに、作用法上の根拠の問題です。ご存じのとおり、憲法九条では武力行使一般および戦闘行為のための軍事編制権が否定されている。要するに、武力行使一般が憲法九条で禁じられています。九条一項によってどこまでの範囲の武力行使が禁じられるかについては、侵略戦争の禁止にとどまり、自衛のための武力行使は許されるのではないかという見解もありますが、戦力（つまり武力行使のための実力）を持つことを二項で一切禁じているという構造からすると、一項と二項をあわせて読めば、武力行使は基本的に一切禁じられるということになります。

　ただし、その例外を認めるような要素があれば、作用法上は武力行使を根拠付けることができるかもしれません。傷害罪を禁止する規定がある刑法において、正当防衛の場合は例外ですよと認められる場合があるのと同じように、一般禁止規定が置かれていても例外規定が積極的に見つかるのであれば、許されるかもしれない。

　現在の日本国憲法には、日本国内の安全を守るための政府の義務を規定した憲法一三条があります。これが、日本国内の安全を守る個別的自衛権行使を認める作用法上の根拠、例外規定にもなるという見解は、一定程度説得的です。つまり、一般に武力行使は禁じられるのだけれども、憲法一三条を根拠として例外的に日本国内の安全を守るための武力行使は許容されるという解釈をする余地がある。これまでの政府はそのように解釈をしてきました。しかし、外国の防衛を援助することを義務付ける規定は無いので、外国の防衛に協力する集団的自衛権の行使は、作用法上も武力行使禁止の例外を見つけることができないということになります。

　これらは、作用法上認められていないので軍事権がない、あるいは軍事権がないので作用法上も認められないという関係に相互に立つので、どちらがどちらかの理由というわけではないのですが、日本国憲法は体系として読むと軍事権を排除し、自国防衛以外の理由での実力行使を禁じていると解釈せざるを得ないのです。したがって、集団的自衛権の行使としてのみ説明できるような他国防衛のための武力行使は憲法違反であるということになるわけです。

――憲法九条で武力行使が禁止されているし、だから当然のこととして軍事に関する権限を与えるような規定もない。どちらからいっても憲法違反という結論は同じというわけですね。

木村　そうです。集団的自衛権が憲法違反であるということを主張するには、権限規定がないという説明と憲法九条で禁じられているという説明の二つがあり、どちらの説明をとるかは、その論者の好みによるところが大きいともいえます。

■個別的自衛権とはまったく違う

――先ほど、個別的自衛権の行使については、国内統治作用の一つとして説明できるというお話がありました。これをもうすこし詳しくお話しいただけますでしょうか。

木村　そもそも、集団的自衛権を「自衛権」と呼ぶこと自体が、議論が混乱する原因でしょう。個別的自衛権は自国を守る権利ですから、確かに「自衛権」です。しかし、集団的自衛権は、他国の防衛に協力する権利であって、「他衛権」です。

近代主権国家は、領域を区切って、その領域内についてはそれぞれの国家に管理を任せ、相互にその主権を尊重するという領域主権国家です。自国領域内での主権の行使は、行政権の行使として広い権限を持ちますが、他国領域での主権行使は基本的に許されません。相手国の主権を尊重しながら外交をするか、よほどの覚悟を持って相手の主権を侵害する軍事権を行使するかになります。国内の作用と、国外の作用をしっかり区別しなければ、近代国家の活動は理解できないでしょう。

■政府もこれまでは、行使が禁止されるとしてきた

――政府がこれまで集団的自衛権は行使できないとするにあ

たって採ってきた論理も、いま説明されたのと同じだったのでしょうか。

木村　そのとおりです。自衛隊は国内の安全のための防衛行政はできるのですが、軍事活動はできない、国際法上は軍として扱われる場合もありますが、憲法上の「軍」ではないということです。それと、憲法九条があり、また、積極的に外国の防衛を手伝う権限規定と根拠規定が見つからないという理由で、政府はこれまでも憲法違反であるとしてきたわけです。

合憲への解釈変更

■合憲を主張する論理

――ところが、昨年（二〇一四年）七月の閣議決定は、集団的自衛権の行使は合憲だとしました。その論理はどのようなものなのでしょうか。

木村　集団的自衛権の行使は合憲であるという理由付けには、いくつかの種類があります。

　まず、武力行使の範囲を最も広くとる論者は次のように主張します。国際法上、一定の範囲の武力行使は（先ほど述べた三つの例外が認められていて）適法である。憲法九条は国際法違反の武力行使のみを禁じているものであって、国際法上合法とされる武力行使を制限するものではない。

　しかし、この見解は憲法解釈としては採りえない。先ほど言ったように、国連憲章と比べると、日本国憲法は軍事権を排除していますから、日本国憲法が認めている武力不行使原則の例外は非常に限られたものになっているのです。国際法上認められているのを、日本国憲法が制限するのはおかしいという人もいますが、一般的には許されていることを、自らの判断で制限することは、法律ではよくあることです。法律上はＳＮＳの利用が自由でも、ＳＮＳの利用を制限している会社だっていくらでもあるでしょう。国際法上適法だから合憲だという論理は採れないということです。

　つぎに、集団的自衛権の行使を禁止した条文がない、禁止規定がないから合憲だという見解があります。しかし、先ほども説明しましたように、憲法は、集団的自衛権の行使も含めてあらゆる武力行使を原則として禁じています。武力行使を合憲だというためには、むしろ、それを認めるための積極的な例外規定を示す必要があります。したがって、集団的自衛権に関する規定がないということは、合憲の理由ではなくて、むしろ憲法違反であることの強い理由になります。

政府も国際法上認められているから合憲だという論理は採っていませんし、外国防衛を手伝うための根拠規定があるという論理も安倍政権を含めて採っていません。現在の政府は、日本の自衛のための必要最小限度の範囲に集団的自衛権の一部が含まれるという論理を採っているわけです。

■政府の従来の基本的な論理

――「一部」というのは、どの部分だということでしょうか。

木村　そこについては、いろいろな理解の仕方があると思います。昨年の七月一日の閣議決定の内容については、そこに至るまでにいろいろと問題がありましたので、まずは従来の政府解釈を整理したほうがいいと思います。

政府の議論を理解するうえでのキーワードは「存立危機事態」というものです。この概念は実は最近になって出てきたものではなくて、一九七二年の政府見解に既に登場しています。その政府見解では、次のように書かれています。

「憲法は、第九条において、同条にいわゆる戦争を放棄し、いわゆる戦力の保持を禁止しているが、前文において『全世界の国民が……平和のうちに生存する権利を有する』ことを確認し、また、第一三条において『生命・自由及び幸福追求に対する国民の権利については、……国政の上で、最大の尊重を必要とする』旨を定めていることから、わが国がみずからの存立を全うし国民が平和のうちに生存することまでも放棄していないことは明らかであって、自国の平和と安全を維持しその存立を全うするために必要な自衛の措置をとることを禁じているとはとうてい解されない。

しかしながら、だからといって、平和主義をその基本原則とする憲法が、右にいう自衛のための措置を無制限に認めているとは解されないのであって、それは、あくまでも外国の武力攻撃によって国民の生命、自由及び幸福追求の権利が根底からくつがえされるという急迫、不正の事態に対処し、国民のこれらの権利を守るための止むを得ない措置として、はじめて容認されるものであるから、その措置は、右の事態を排除するためとられるべき必要最小限度の範囲にとどまるべきものである。」

　このように、政府は従来、存立危機事態であれば例外的に武力行使もできるという解釈を採ってきました。そして、存立危機事態とは何かといえば、日本が武力攻撃を受けた事態であると説明してきました。近代主権国家では、国家の存立の危機とは主権が侵害されること、つまり武力攻撃を受けることを意味します。存立危機事態＝「武力攻撃事態」というように政府は解釈し、日本への武力攻撃がある事態であれば、それを排除するために武力行使をすることは個別的自衛権の範囲であるし、日本国憲法が認める武力不行使原則の例外の範囲に含まれると説明してきたわけです。これが、従来の政府解釈です。

■「存立危機事態」の意味を不明にしてしまった安保法案

——昨年の閣議決定はそれをどう変えたのでしょうか。

木村　これは、日本と密接な関係にある外国への武力攻撃によって日本の存立危機事態が生じた場合には、それを除去するための武力行使ができるという内容になっています。「存立危機事態＝武力攻撃事態」というこれまでの政府解釈を前提にすると、「存立危機事態」のところに「武力攻撃事態」を代入すればよいわけですから、七月一日の閣議決定は文言上は、外国への武力攻撃によって日本への武力攻撃事態が生じている場合には対応ができるという内容であることになります。したがって、従来の解釈を踏まえながら、極めて素直に読み解けば、日本と外国が同時に攻撃を受けている、外国への攻撃が同時に日本への攻撃でもある、あるいは、日本への攻撃の手段として外国に攻撃が加えられているといった場合について武力行使ができると認めたものです。文言を素直に読むならば、個別的自衛権でこれまで認められていたことを確認したものに過ぎない。外国に武力攻撃があった場合でも同時に日本への武力攻撃事態なのであれば、武力行使ができるということを認めたものに過ぎないわけです。文言上は、そういう内容になっています。

——だとすると、あの閣議決定は個別的自衛権の行使が認められるときに限って武力行使を認めたものである、というわけでしょうか。そうであれば、今回の法案も同じように理解できることになるのでは？

木村　今回の法案→資料5頁でも文言上は、閣議決定の文言を踏襲しているかのようにもみえます。

しかし、閣議決定の文言どおりに考えるのであれば、条文にいう存立危機事態はすべて武力攻撃事態として、これまでの自衛隊法→資料5頁七六条でも十分に対応ができるというか、適用対象になる事態なので、存立危機事態というものをそれとは別の事態として新しく条文に加える必要はないわけです。にもかかわらず、そこに新しい条文を加えているということは、これまで認められてきたものを踏み越えようとしているのではないかという一定の疑念が生まれます。そして、政府は、「これまで認められてきた範囲と重なる範囲でしか武力行使はしない」とは明確に答弁していませんし、一方で、どういう場合に武力行使を行うのかも答弁していませんので、明確な解釈は現在示されていない状況です。したがって、今回の集団的自衛権の行使を認めたとされている部分は、従来の枠を超えている、個別的自衛権の枠を超えている可能性があるので憲法違反の可能性が極めて強いという評価を受けているわけです。

さらに、こうした曖昧な説明しかしないのであれば、条文自体が曖昧不明確ゆえに無効と判断されても仕方ないと思います。曖昧な条文は、政府が法律を運用する際に、きちんと法律に則っているのかどうか、国会も国民も判断できません。これでは法の支配の基礎が崩れますから、憲法が禁止する軍事権の行使か否かという以前に、曖昧不明確であることそれ自体が違憲の理由になります。

内閣法制局の憲法解釈

——昨年七月の閣議決定による解釈変更によって、内閣法制局がこれまで憲法解釈にあたって有していた権威が大きく掘り崩されたという見方があります。これについてうかがいます。

■内閣の顧問弁護士としての法制局

——まず、内閣法制局による憲法解釈にはどのような意味があるのですか。憲法解釈は裁判所がやるものだと思うのですが。

木村　最高の有権解釈権、最も優越する憲法解釈の権限は最高裁判所が持っていることは、憲法八一条に書いてあるとおりです。ただ、日本は付随的審査制を採っているので、裁判所は、具体的な事件が起こって訴訟で争われない限り、法律が憲法違反かどうかの判断をできません。法律が制定された後になって、裁判所に法律が違憲だと判断されては、社会が混乱してしまって大変です。そこで、企業が顧問弁護士や法務部に相談するのと同じように、政府が法案を作る場合にも、法解釈に特に精通した専門の部署に相談するのです。それが内閣法制局というものの役割です。

内閣法制局は憲法その他の法律に通暁した人たちが集まる部署ですから、そこで合憲といわれたものが裁判所で違憲といわれることは極めて稀です。とはいえ、内閣法制局が憲法解釈権を優越して持っているわけではなく、あくまで顧問弁護士の解釈ですから、彼らの言うことを聞いておいたほうが後に裁判所で違法・違憲といわれる可能性が少ないということにとどまります。

■顧問弁護士に合法と言わせても意味はない

——信頼できる専門家が合憲と言ってくれるなら一安心だということですね。

木村　逆に、内閣法制局の憲法解釈が気にくわないからといってそれを取り替えても、あまり意味はないわけです。顧問弁護士のアドバイスが気に入らないからと、自分に都合のいいことを言ってくれる弁護士に取り替えても、違法行為は違法行為ですから、その場はやり過ごせたとしても何の意味もない。むしろ、無能な顧問弁護士を雇うというのは、内閣としては責任感に欠けた行為であるということになるでしょう。

例えば普通の企業が、これまでは法務部スタッフとして法律の専門家を雇ってきたのに、急に法律の素人を雇ったとすれば、訴訟リスクは高くなるわけですから、経営判断の問題として強く非難されるでしょう。

政府は憲法解釈変更に先立って、内閣法制局長官に外務省出身で、法解釈に精通しているわけではない小松一郎氏を任用しました。これまでは、内閣法制局での経験が豊かで、その業務に精通した人を任用していたのに、かなり異例の人事でした。内閣法制局の役割からしたら、人事そのものが非難されるのもやむを得ないでしょう。

――今回は、内閣法制局の権威が大きく掘り崩されたといえるのでしょうか。

木村　それはよくわからないですね。小松長官は結局、法的な政府見解を示すという法制局長官の役割を十分に果たすことができず、多方面から批判されました。その後、体調不良をきっかけに退任されて、後任には従来どおり、法制局出身の横畠氏が任命されました。痛い目にあって失敗がよくわかったということではあるかもしれません。

最高裁の砂川事件判決は合憲の根拠になるか

――政府は、砂川事件最高裁判決が集団的自衛権行使容認の根拠となるという議論もしています。この議論についてうかがいたいと思います。

■自衛の措置としての外国軍駐留は合憲とした

――砂川判決は何を判示したものなのでしょうか。

木村　集団的自衛権の行使についての合憲性の論点というのは、いくつかの分岐点があります。

まず最初に、日本が自衛の措置を一切とれないのかどうかという論点があります。武力攻撃を受けた場合に日本がとりうる自衛の措置には、国際法上いくつかの選択肢があります。具体的には、日本自身が個別的自衛権を行使する、外国に集団的自衛権を行使して手伝ってもらう、安保理決議のようなかたちで国連の措置として防衛を手伝ってもらうという三つの種類があります。自衛の措置が一切許されないのであれば、この三つすべてが憲法違反になりますが、砂川判決は、自衛の措置が一切許されないわけではないと述べました。

つぎに、自衛の措置の範囲としてどこまでが許されるかという問題があります。これについて砂川判決は、さしあたって外国軍に駐留してもらい、外国の集団的自衛権の行使によって日本を守ってもらうことは憲法違反にはあたらないと述べたわけです。他方、砂川判決は、それ以外の部分については何も判断していません。砂川判決では、「同条二項がいわゆる自衛のための戦力の保持をも禁じたものであるか否かは別として、同条項がその保持を禁止した戦力とは、わが国がその主体となってこれに指揮権、管理権を行使し得る戦力をいうものであり、結局わが国自体の戦力を指し、外国の軍隊は、たとえそれがわが国に駐留するとしても、ここにいう戦力には該当しない」としているわけで、日本自身が自衛のための戦力を保持できるかについての判断を留保しています。

日本が自衛隊を編制して個別的自衛権を行使できるかどうか自体は争点になっていません。そこは判断しないと言っている。個別的自衛権の行使ですら、「今回は議論しません」と言っているのに、ましてそこで集団的自衛権について読みこむのはそうとうおかしい。これから、砂川判決を持ち出す人をみたら、判決文は読んでいないと思っていいでしょう。

■集団的自衛権については何を言っているか

——政府が言っていることはかなり不正確なのですね。

木村　砂川判決には、日本が自衛の措置を一切とれないわけではないということの根拠となる判示は確かにあると思います。一方、日本が集団的自衛権を行使できるか、その自衛の措置の中に集団的自衛権の行使が含まれるかどうかについては、判決は何も言っていません。したがって、この判決は憲法違反であることの根拠にもならないし、かといって憲法に適合していることの根拠にもならないということになります。

政府の説明も、自衛の措置がとれることは砂川判決も認めているはずだとしており、ここまでは正しいと思います。しかし、砂川判決が自衛の措置の中に集団的自衛権も含まれると言ったというと、これは完全に嘘になります。当たり前のことですが、これまで日本が自衛の措置としてとったことがあるのは、外国軍の駐留を認めて自衛隊を編制したことだけ。個別的自衛権を行使したことは一度もありません。先ほどもお話ししたとおり、裁判所は、具体的な事件がなければ判断を示さないのですから、砂川判決を含め、個別的自衛権の行使がはたして憲法九条に違反するのかといった論点について述べた判例は、まったく存在しないわけです。個別的自衛権の行使ですら最高裁は判断を留保している、判断をする機会がないということですから、ましてや集団的自衛権の行使が合憲であると言った判例は存在するはずがありません。

他国への攻撃を排除するための実力行使も「自衛の措置」になりうるか

――砂川判決は、憲法九条があっても「自衛の措置」が一切許されないわけではないとは言った。そこから先は、最高裁が自衛権に関して判断したことはないわけですね。

■日本への武力攻撃がないのに実力行使すれば先制攻撃

木村　個別的自衛権の行使も違憲だという立場の憲法学者は別として、じつは、政府と違憲派の憲法学者の対立点というのは見かけほど多くはないのです。論点は、集団的自衛権の行使が「日本のための自衛の措置」の中に含まれるかというところにあるんですね。

憲法学者のほうは、日本のための自衛の措置だと言うには日本国に対する武力攻撃が発生していなくてはいけないはずだ、と言っています。

もっとも、武力攻撃の発生というのは、べつに具体的

な被害までが生じる必要はない。国際法上、武力攻撃には三つの段階があるとされます。武力攻撃が予想される事態が生じた段階、攻撃態勢に入ってそれが後戻りできなくなった段階、そして被害が生じた段階という、「切迫」「着手」「被害発生」の三段階がある。このうち、「被害発生」なら勿論のこと、「着手」の段階でも対応してよい、個別的自衛権が発動できるというのが国際法上のルールです。

つまり、まだ相手が別の行動をとる可能性がある段階、武力攻撃をしないで引き返せる段階で攻撃をしてしまうと、これは先制攻撃になる。そういう段階で相手を攻撃すると、止まる紛争も止まらなくなってしまうので、ここではまだ自衛権の発動はダメだ。しかし、武力攻撃の着手があった段階、つまり具体的な作戦行動に入りました、ミサイルが隆起しはじめました、という段階であれば、それらを除去するための措置はとれる。これが国際法上の考えかたです。

日本の憲法上も、日本の自衛としてやる場合には日本への武力攻撃の着手がないといけない。それ以前の段階だと、先制攻撃になってしまうだろう、ということになるわけですね。自衛隊法をきちんと検討したことのある憲法学者であれば、そういう結論になると思います。

■実力行使可能な時期を少しでも早めたいがための政府の論理

木村　これに対し、日本と関連のある国が攻められたらいつ日本が危険になるかわからないので、一刻も早く攻撃をしておくべきだというのが政府の考えかたです。つまりそれが今回の、「自衛のための最小限度」の中に集団的自衛権の一部が含まれるという政府の論理になっている。

しかし、この論理は、採りえないと思います。集団的自衛権は外国の自衛のために行使するものですから、外国に武力攻撃が発生しているのであれば、外国の自衛という目的との関係では先制攻撃ではない。しかし、日本の自衛のためにやるとなると先制攻撃になります。

国際法上は集団的自衛権だから先制攻撃でないとしても、憲法が許容する自衛の措置は、あくまで日本の自衛の措置に限られているのですから、先制攻撃の一種と理解するしかない。国際法では正当化される武力行使だとしても、日本国憲法の下では、憲法違反だということになるわけですね。

さらに、国際法の理解としても、正当といえるのか疑問の残る点もあります。というのは、集団的自衛権の行使要件について判断したニカラグア判決という国際司法裁判所の判断によれば、集団的自衛権の行使が正当とされるためには、被侵害国が侵害国により武力攻撃を受けた旨を宣言することと、被侵害国が防衛の協力を要請することの二点が必要とされています。しかし、法案→資料5頁では、日本が集団的自衛権を行使する要件として、この点が明文で要求されていません。もちろん、一般論として、国際法の遵守は示されているので、その条文に読み込むことは可能ですが、本当に集団的自衛権を行使したいのであれば、この点を明文化しないのは不自然です。

ただ、逆に言うと、日本の存続が根底から覆される明白な危険があるにもかかわらず、被侵害国からの要請がなければ日本は武力行使できない、というのは、日本の安全保障にとって困ります。

そうなると、結局、今回の法案でやりたいのは、個別的自衛権の範囲の確認なのではないかと考えるのが自然です。しかし、政府は日本への武力攻撃の着手が認められる場合に限りますという答弁を意識的に避けているとしか思えない。やはり、先制攻撃をしたいのだと理解せざるを得ず、それは許されないだろうという判断に至るのです。

ここがいちばんの争点でしょう。

——争点はそこですか。論戦を見ていてもあまりわからない争点ですね。

木村　これがなんでわからないかというと、まず、政府の立場に賛成をする有識者に、あまりにも議論の状況がわかっていない人が多い。つまり、法解釈の専門家でない人が出てくることが多いので、解釈論上必要のないことまでいろいろ言ってくる。例えば砂川判決を持ち出すというのはその典型です。べつにあれは今回の法案に対しては違憲の決定打にも合憲の決定打にもならない判決なので、出してくる意味がどちらの立場から言っても無いんですけれども、砂川判決を出してくることによって、無駄な論点をつくっている印象がありますね。

政府側が法律論に強いブレーンを付けなかった、そのために論点が拡散していて、論拠にならないことを論拠として言ってみては叩かれるということを繰り返しているので、政府の側が非常に説得力のない論理に依拠していることが明らかになってしまう。その一方で、本質的な議論はできない。そういう状況ですね。

法案の議論の仕方と憲法

——今年の六月四日の憲法審査会で三人の憲法学者が参考人として集団的自衛権行使容認の違憲性を指摘した後、政府や与党からは、憲法判断をするのは最高裁であって憲法学者ではない、学者の見解を聞いていたのでは国の平和と安全は守れない、などの学者に批判的な反応がありました。

■議論の決着はついた

――この反応に対してはどのようにお考えになりましたか。

木村　非常に特殊な反応であるように思います。つまり、憲法違反であるという指摘は、それを政策的に絶対にやってはいけないという指摘ではありません。憲法違反であるという指摘は、それをやるのであれば憲法改正の手続が必要だという指摘にすぎません。ですから、そのような指摘を受け、かつ、この法案が必要だと考えるのであれば、憲法改正のための手順を踏めばいいだけの話です。それなのに憲法学者を攻撃するということは何を意味しているかというと、憲法改正手続、すなわち与野党の広範な合意をとり国民投票で承認される自信がないということです。野党の理解を得ることは不可能であるし、ましてや国民投票で国民の同意を得ることが無理であろうと考えているので、憲法学者に八つ当たりをしているのだと思います。しかしそれは、ある意味で自分たちの法案に国民の支持がないことを自白しているようなものですから、政治家たちの反応に大きな問題があるということだと思います。

――そのうえで強引に採決に持ち込もうとしていますね。多くの与党関係者から「議論は出尽くした」「法案審議時間は十分な段階に至った」という指摘が出てきています。

木村　私もこの点については同感で、議論は出尽くしていると思います。

――え?

木村　つまり、今回の法案のうち集団的自衛権の行使容認部分が憲法違反であるかどうかの点については、たいていの憲法学者が憲法違反と言っていますし、国民の間でもそのことが理解され、「憲法違反だと思う」というような回答が世論調査で多数を占める状況になっています。したがって、法案が憲法違反であるという点は決着がつきました。

つぎに、この法案が政策的に見て必要であるかという点について考えましょう。先ほども申しましたとおり、本当に必要な政策が憲法違反になるのだとすれば、憲法学者の悪口を言うのではなく、憲法を改正すればよいだけのことです。政府がそうしないということは、憲法改正を発議する自信はないということを表明しているわけですね。

　憲法改正を議論するための憲法審査会は、参考人として呼ばれた憲法学者がそろって安保法制は違憲だと発言したのをきっかけに止められてしまいました。法案が違憲と指摘されているにもかかわらず憲法改正を提案しないのは、提案すれば否決されると考えているからだと思います。実際に世論調査をみても、今回の安保法案に対する反対論は、議論を始めた段階では半々くらいだったところから、六割くらいまで増えている。今回の安保法制について国民の多数は反対であるというところでも決着がつきました。つまり、政府あるいは与党の政治家、国際政治学者を中心とした有識者の国民に対する説得は失敗したと言ってよいと思います。

　したがって、憲法違反であり政策的必要性も認められないという点で議論の決着はついたと言ってよいと思います。

　あとは、憲法違反であるし国民の支持のない法案を強行採決した場合に、その政権をどう評価するのかという問題だけが残されているというわけです。

――採決に賛成ということかと一瞬ドキッとしました。

木村　採決はしてもよいと思います。ただ、国民の意思に沿った採決というのは否決以外の方法はありません。そういう意味では、議論の決着はついたので、さっさと否決すべきだと私は思います。

――とはいえ、採決すれば与党の賛成多数で可決されますね。

木村　そうですね。しかし、そのような強硬な姿勢をとったこと、国民を無視した態度をとったことをどう評価するのかという点はまた別の論点であって、実際に採決がされていないので、まだ議論がされていないという状況ですね。

■もしこの法案を通されたとしたら

――衆議院では採決を強行するつもりのようですね。

木村　衆議院で可決されれば、次は参議院で審議されることになる。ただ、衆議院で強行採決するのだとしたら、参議院でも自民党・公明党の議員で過半数を占めていますから、よほどのことがない限り、参議院でも可決されるでしょう。もしも参議院が否決したり、審議が長引いて可決しなかったとしても、憲法五九条二項に基づき、衆議院で再可決をして成立させるのではないかと言われています。衆議院で自民党・公明党が議席の三分の二を持っていますから、これは止められないでしょう。

憲法違反であることは明らかですし、世論調査を見ても国民の多数派は法案に反対なのに、数の力によって強引に法律が成立してしまうのは、小選挙区制の欠陥ですから、本当は、選挙制度も含めて見直さなければいけない。しかし、与党にとっては都合のいい制度でしょうから、選挙制度改革も実現は難しい。そうなると、大事なのは次の選挙まで今回の出来事をきちんと記憶し、それへの制裁を国民が選挙で示すことです。次の選挙で今回の法案への反対の意思をしっかりと示せば、その後の国会で改正・廃止にすることも考えられるでしょう。

また、法案が成立しても、自衛隊が武力行使するのは先の話です。派遣するか否かが議論されるときに、きちんと憲法の枠の中に収まる解釈に基づいて運用するよう、政府の動きを監視することも大切です。

いずれも、国民はその出来事をしっかりと理解し、記憶し続けることが大切だと思います。

■憲法学者は文言にこだわりすぎか

――安全保障の問題については、憲法の文言にこだわっていたら現実に対応できない、という意見があります。昨年七月の閣議決定にあった「我が国を取り巻く安全保障環境が根本的に変容し、変化し続けている状況」を強調して、憲法解釈論を神学論争のようにみなす立場です。これについては、どうお考えでしょうか。

木村　これは、まったくの勘違いではないでしょうか。憲法解釈はいたって技術的なものです。もちろん解釈者の個性によって、ある程度の解釈の幅はあるでしょうが、集団的自衛権の行使が許されると考える人は、憲法の専門家の中では圧倒的に少数です。それなりの解釈技術を身に付けた人であれば、解釈の限界はおのずと共有されます。それは、建築家の間で、シンプルなスタイルが好きか、装飾的なスタイルが好きかなど好みの違いがあっても、建物の安全のために必要な柱の選び方や鉄筋の量には、共通の基準を持っているのと同じことです。

また、いくら現実的な必要性を強調したところで、それを認める憲法改正が成立しないということは、つまりは国民の支持を得ることに自信がないということです。日本の憲法改正手続は厳しすぎるという人もいますが、国会を通る法案の中には、全会一致の法案がたくさんあります。本当に必要な提案なら、国会の総議員の三分の二の賛成なんて、十分に得られるはずです。国民の支持だって、得られるでしょう。

憲法を無視して、つまり憲法改正の手続を提案しないで法案を通そうとするのは、自分たちの主張が国民の支持を得られないことを認識し、それを自白している発言とみたほうがいいと思います。

もし私が集団的自衛権を行使すべきだという立場の政治家であれば、すぐに憲法改正の手続を動かすはずです。実際、違憲の疑いがある法案を提案したときに、それと並行して憲法改正の手続を進めるということは、珍しいことではありません。少し古い話になりますが、アメリカの解放奴隷保護のための市民権法案では、違憲の疑いがあったので法案審議と並行して、それを合憲化するための憲法改正手続を進めました。

このように、外国をみればいくらでも例があるわけですから、自分たちの政策に自信があるのであれば憲法改正手続を動かせばいいだけのことです。それをせずに、憲法が現実に合っていないから憲法の文言にこだわるべきではないといったようなことを言うのは、つまりは自分たちが説得をする自信がないということの裏返しです。国民の支持を得られない政策を、憲法を無視してまで押し通したいというのは、考慮に値する意見ではないでしょう。政治的に負けが決まった意見をごり押ししているだけです。

繰り返しになりますが、今回の法案が必要であるという政府・与党、それを支持する国際政治学者の一部を中心とした有識者による説得は失敗したわけですから、今回の内容で憲法改正を提案しても、おそらく国民投票で否決されるでしょう。それは憲法学者が悪いのではなく、政府・与党の政治家たちやそれを支持していた有識者たちが説得に失敗したことが原因なのです。今回の法案が本当に必要だと考えている人たちは、自分たちの説得が失敗したことについて謙虚に反省すべきだと思います。

日本は国民主権なのですから、現在の憲法で不都合な点があると考えるのなら、憲法改正手続を通じて、国民に判断してもらうしかありません。憲法に定められていないことをやろうとするのは、主権者である国民の意思に反した単なる越権行為です。憲法に反してまで自分の信じる政策を押し通そうとするのは、国民を馬鹿にしていますし、あまりにも独善的だと思います。

この法案が成立すれば日本はより安全になるのか

——この安保関連法案は武力行使のために通すのではない、武力行使もありうるという抑止力によって戦争を防ぐために通すのだ、という議論があります。この法案が成立すれば日本はより平和で安全になる、というのですね。これについてうかがいたいと思います。

■内容があまりにも意味不明

——政府は、集団的自衛権に基づく武力行使の要件を非常に限定的にしている、我が国の存立が脅かされる明白な危険が生じた場合にだけ武力行使をするのである、と言います。この法案の限定では不十分でしょうか。

木村 「我が国の存立」→資料5頁・70頁という言葉の意味が問題です。日本は主権国家であるので、国家が存立している状態とは、日本の主権が維持されている状態と定義されます。したがって、日本の存立が脅かされる明白な危険がある状態とは、日本の主権侵害の明白な危険がある状態であると法律上は解釈せざるを得ない。さらに、主権侵害の明白な危険とは、先ほど軍事権の解説でも説明しましたように、外国が軍事権を行使する明白な危険、要するに武力攻撃の着手があった場合のことです。

結局、「我が国の存立が脅かされる明白な危険が生じた場合」とは、「武力攻撃の明白な危険がある場合」と理解しなければいけない。言葉は違っても、法的に定義していけば、今まで「武力攻撃事態」として認められてきたものをあらたに「存立危機事態」と呼んでいるだけのことです。ですから、このような法律を付け加える理由は法的にはない、ということです。

そのうえで今回何が問題かというと、この「存立危機事態」という言葉の意味について、いまお話ししたように法的にしっかりとした説明をしないことです。政府は、日本の領域主権が害される場合です、武力攻撃を受けるという意味ですという説明を意識的に回避しているように思います。従来はそう説明してきたのに、現在そうしないということは、要するにこの概念を無意味化しようとしているわけですね。「存立危機事態」であるという言葉の意味を、曖昧化しようとしている。この言葉は、現在の答弁では限定としては機能しないものと理解していいと思います。

実際、今回の法案については、限定なく集団的自衛権の行使を容認するかのような解釈をしている人たちがいます。岸田外務大臣は、「日米同盟が揺らぐこと」、安倍首相は「オイルショック」が存立危機事態の例だと言っていたりします。他方で、いま私がお話ししたのと同様に、日本への武力攻撃の危険がない場合には存立危機事態は認定できないと言っている人もいる。人によって、この条文で想定されている事態というのが全然内容が違っている、というところが問題です。

そうなると、今回の法案が憲法違反である理由は、違憲な集団的自衛権の行使の容認をしかねないというという面に加えて、そもそも内容があまりにも意味不明で曖昧不明確ゆえに無効であるという面にも注目する必要があると私は思います。

——もうその段階で違憲であるというわけですか。

木村　そういうことです。法文の内容が曖昧不明確だと、政府が何らかの活動をしたときに、その活動が法律に適ったものなのかそうでないのか、判断することができません。これでは、国会も国民も、法律を通じて、国家権力の活動をコントロールすることができなくなってしまいます。法の支配を実現し、権力が恣意的な法解釈をできないようにするためには、法文の内容が明確であることは絶対的な条件です。

それなのに、この条文で何ができるようになるのかについては、政府の中でも、もうちょっといえば首相と内閣法制局長官と防衛大臣と外務大臣でそれぞれ説明が違っているように見えます。さらに、この法案に賛成する有識者の方々の意見をみると、それぞれやるべきだと言っている内容がまったく違っている。これは、まさに条文の内容が「曖昧不明確」であることを示しています。

　したがって、私は、そもそも九条などを論じる以前の段階で、曖昧不明確な条文は法の支配に反しており、当然に憲法違反であり無効であると考えるべきだと思っています。

■このリーダーたちを信じるのが民主主義か

——それに対しては、集団的自衛権は極めて限定的にしか行使しないと政府も言っているんだし、誰だって戦争をしたいわけじゃないんだから戦争にはならないだろう、自分たちのリーダーを信じてそういうことをまかせるのが民主主義なんじゃないかという意見もあるようなんですけれども、こういう意見については？

木村　先ほど言ったように昨年（二〇一四年）七月一日の閣議決定は、そもそも個別的自衛権と重なる範囲でしか他国防衛ができないという内容になっていて、そのことを明快に説明する義務が政府にはあったはずなのです。他国に対する武力攻撃が同時に日本への武力攻撃でもある場合、すくなくとも日本への武力攻撃の着手がある場合でないと、「存立危機事態」は認定できない、という解釈を明確に示して答弁すべきでしたが、それをしなかったわけですね。

　そして自分たちが決めた文言の意味をできるだけ曖昧にしようとしている。この法案の審議のかなり早い段階で、これは日本が武力攻撃を同時に受けている場合のことを言います、と説明すれば話は済んだはずですが、そう説明しなかった。むしろ、自分たちで決めた文言の内容をできるかぎり曖昧にしようとする答弁を重ねている。

　こういう状況からすると、この人たちは憲法のみならず、自分たちで決めた閣議決定の文言も、あるいは、自分たちの提案した法案の文言も、きちんと守るかどうかわからない、ということを示しています。つまり、この人たちが言ったことを基準に判断をすることは極めて危険だ、ということですね。日本が地球の裏側の戦争に巻き込まれることはないと言っていますが、その話を信用できるかということです。

　昨年七月一日の閣議決定の文言は、個別的自衛権と重なる範囲でしか武力行使をしないと読むのが自然なものでした。それにもかかわらず、閣議決定をはみ出るかのような法案を提案し、わざわざ曖昧な答弁を積み重ねている。こういう人たちが「戦争をしたいわけではない」と言ったところで、その言葉を信じられるかというと、それはできない、ということになるでしょう。

　また、民主主義だというのであれば、これは、憲法改正の手続、国民投票というとても民主的な方法で最後の決着をつけるための手続が用意されているわけですから、それを行わないというのは、端的に反民主的である、独裁的な手法であると言っていいと思いますね。民主的な手続に訴える自信がないので「反対派は排除しよう」とする。そしてその反対派というのがものすごい数にのぼっている、国民の半数以上にのぼっているというのが現状ですね。これは民主的な態度とはとうてい言えません。

■今の憲法を保持するという国民の意思

――戦争をしたいわけではないというのをいちおう信じたとしても、日本をより安全にするためにこの法案を通すんだ、という意見に対してはどう思われますか。戦争に巻き込まれる危険性が高まって、むしろ安全でなくなるという見方もありますが。

木村　集団的自衛権というのは外国の戦争を助ける権利ですから、巻き込まれる危険とかのレベルではなく、外国と一緒に戦闘行為を行う可能性は当然高まります。集団的自衛権を行使しようというのなら、戦争に参加する可能性が高まるのは当たり前すぎることでしょう。

　現行憲法上違憲であるというのはひとまず置いておいて、仮に政策的に集団的自衛権を行使すべきだということになったとして、問題は、武力行使をすべきでない場合にやってしまうという濫用の危険がどこまであるのかということだと思います。

　武力行使は日本にとっても、協力国にとっても、行使の相手国にとっても、重大な影響があります。だから、武力行使に踏み切るべきかどうかの判断は慎重にしなければならない。当然、その判断をするためには、国は外交能力を駆使して、国際状況の把握をしなければいけない。国民も国際ニュースにもっと注目して、政府が間違った判断をしていないか見極める能力を持たなければならないはずです。

しかし、今の議論状況では、集団的自衛権の話をしながら、視野はあくまで国内にとどまっている。これでは、日本政府が適切に武力行使の判断をできるとは思えませんし、万が一、不適切な武力行使をしても、国会や国民がそれを適切にとがめる十分な世論形成をすることは不可能でしょう。

さらに、事後的な検証能力が日本政府と日本国民にあるのか、ということも問われます。イラク戦争では、イラクが大量破壊兵器を持っていることを理由に、アメリカやイギリスは武力攻撃に踏み切り、日本もそれを支持しました。しかし、後から大量破壊兵器はなかったことがわかった。アメリカやイギリスでは、その判断ミスについて、議会でも厳しい追及がなされましたが、日本では、はなはだ不十分な報告書が提示されただけで、国会でもほとんど責任追及の話は出ませんでした。

どんなに慎重に判断したとしても、間違えることがあるのはしかたないことです。しかし、失敗した場合に責任を取れないのであれば、大きな力を持つ資格はありません。今の議論状況を見ていると、集団的自衛権の行使については、まだ一律禁止をしておいたほうがいいだろうというのが、日本国民全体の判断なのではないでしょうか。どこまで意識的な決断なのかはもちろんわかりませんが、今の憲法が改正されずに維持されているというのは、そうした国民の意思の表れだと思います。

――そういうことができるようにするにはまだ……。

木村　前提がいろいろ欠けているということだと思いますね。

――ありがとうございました。

［二〇一五年七月一〇日収録］

〔対談〕安保法案が含む憲法上の諸論点

早稲田大学教授
長谷部恭男

×

弁護士
（元内閣法制局長官）
大森政輔

1　集団的自衛権行使を容認する解釈変更

長谷部　本日は、内閣法制局で第一部長、法制次長、法制局長官を歴任され、武力行使一体化論、あるいはＰＫＯでの武器使用の範囲等、憲法九条の解釈論の構築を通じて自衛隊の活動の枠付けに寄与してこられた大森政輔さんに、この度の解釈変更、安保法制諸法案が含む憲法上の諸論点についてお伺いしたいと思います。

まず、集団的自衛権の行使を容認する昨年七月一日の閣議決定ですが、「政府の憲法解釈には論理的整合性と法的安定性が求められる」とし、その論理的整合性に関しては、従来の政府解釈の基本的な論理の枠内にとどまる必要があると言っています。その「基本的な論理」は、憲法九条は、我が国が自国の平和と安全を維持し、その存立を全うするために必要な自衛の措置を採ることを禁じていない。したがって、外国の武力攻撃によって国民の生命、自由及び幸福追求の権利が根底から覆されるという急迫、不正の事態に対処し、国民のこれらの権利を守るためのやむを得ない措置として、必要最小限度の武力の行使は許容される、というものです。

従来は、我が国に対する武力攻撃が発生したか、その明白な危険が切迫した場合に限って、つまり、個別的自衛権の行使に限って、こうした武力の行使が認められるとされてきたわけですが、本件の閣議決定は、パワーバランスの変化、技術革新の急速な発展、大量破壊兵器などの脅威等によって我が国を取り巻く安全保障環境が根本的に変容しつつある状況があることを根拠に、「我が国と密接な関係にある他国に対する武力攻撃が発生し、これにより我が国の存立が脅かされ、国民の生命、自由及び幸福追求の権利が根底から覆される明白な危険がある場合において、これを排除し、我が国の存立を全うし、国民を守るために他に適当な手段がないとき」にも武力を行使すること、つまり、集団的自衛権を行使することを許容しています。

まずこれは、論理的整合性を保った解釈と言い得るものでしょうか。

大森　閣議決定の要旨をご紹介いただいたわけですが、要するに、本件閣議決定は、個別的自衛権のみならず、集団的自衛権の行使も基本的な論理の枠内にあるから、いずれも憲法九条の下においてその行使が許容され得ると主張しているわけです。しかし、「基本的な論理の枠内」にあれば、論理必然にその行使が許容されるということになるものではないはずで、現在の安全保障環境に照らして検討すると、政策として集団的自衛権行使を許容したいと、憲法解釈を超えて結論を先行させた結果に止まるのではなかろうか。基本的な論理なる概念が、なぜ本件問題に関して指導性を持つのか理解が困難であるのみならず、個別的自衛権・集団的自衛権のいずれもがその本質に照らして、基本的な論理の枠内に異議なく収まるものであるかどうか。閣議決定はそのように述べているわけですが、それ自体が疑問であると私は思っております。

長谷部　その点について、もう少しご説明をいただけないでしょうか。

大森　個別的自衛権・集団的自衛権の間に本質的な差異があるか、ないか、どこにあるかということを検討してみたいと思います。まず、個別的自衛権の行使、即ち、外国の武力攻撃によって我が国の存立が脅かされ、国民の生命、自由及び幸福追求の権利が損なわれた場合には、これを排除し、我が国の存立を全うし、国民を守るために他に適当な手段がないときに、必要最小限度で武力の行使を行うことは、独立主権国家ならば固有かつ先天的に有する自己保全のための自然的権能に基づくものとして、憲法九条の下でも当然に認められるものと解されます。

他方、集団的自衛権の行使、即ち、自国が直接武力攻撃を受けていないにもかかわらず、自国と密接な関係にある他国に対する武力攻撃が発生した場合において、武力攻撃を行う第三国に対し、実力をもってそれを阻止・反撃することができるとされる国際法上の権利については、上記のような、独立主権国家ならば固有かつ先天的に有する自己保全のための自然的権能である個別的自衛権とは異なり、その権利の根拠・内容は、他国との間の同盟その他の関係の密接性により後天的に発生し付与されるものであるはずです。

この集団的自衛権の本質は、直接的には当該他国を防衛することを目的とするものであり、「他国防衛権」と言ったほうが本質をよく表すのだろうと思いますが、この他国防衛権の行使が、間接的効果として、自国の平和と安全の確保に寄与することがあり得るとしても、自国に対する武力攻撃を排除することを直接の目的とする個別的自衛権の行使とは、この意味で本質的な差があるであろう。個別的自衛権は先天的に、集団的自衛権行使のほうは他国との特別の密接性によって後天的に生ずるものであると言えると思いますので、両者の間には本質的な差があるのではないか。

長谷部　個別的自衛権と集団的自衛権は、そもそも別次元のものであって、今回の閣議決定に言うような基本的な論理の枠内での合理的な当てはめの結果として、言わば同一次元での必要性の区分の線引きを若干移動させたにとどまるものでは到底ないということになるでしょうか。

大森　両者の本質を突き詰めますと、そのように考えるべきではなかろうかと思います。

我が国を取り巻く安全保障環境を考慮しても、憲法九条の下で、いずれの場合も我が国による武力の行使を許容できると判断することは、内閣の独断であって、到底その考え方を許容できるものではないと考えます。

以上のとおり、集団的自衛権の行使は、憲法九条の下で許容できる余地はないのに、本件閣議決定において、憲法解釈の変更と称して集団的自衛権の行使を憲法九条の下で許容できると主張することは、内閣が閣議決定でなし得る範疇を超えた措置であると言わざるを得ない。その権能を超えるものとして、その意味では無効であると言わざるを得ないのではなかろうかと思います。

したがって、これを前提として自衛隊法などの関係法の改正その他所要の措置を講ずることは認められるものではないと考える次第です。

2　憲法解釈の変更は許されないのか

長谷部　集団的自衛権の行使を容認する解釈変更は憲法の枠を超えているというご指摘だったのですが、ただ、政府が憲法解釈を変更することとそれ自体が一般的に許されないわけではない、私はそう考えています。その点についてはいかがでしょうか。

大森　憲法解釈の変更というのは、立憲主義違反であるというテーゼが今回は独り歩きしているように思うのです。行政機関による憲法解釈の変更自体ができるかどうかということに限定しますと、最高行政機関である内閣が委ねられた職務の執行に当たり、その前提として、憲法その他の法令の有権解釈を行い得ることには異論はないのではないか、事柄によっては、解釈の変更を行うこともあり得ると考えます。ただ、解釈の変更が認められる場合と認められない場合があるので、解釈の変更が認められるには、変更後の解釈の内容が、憲法その他の上位法に照らして適法と認められることが必要と考えます。本件においては上記のとおり、変更後の解釈、即ち集団的自衛権の行使は、憲法九条の下では許容されないと言わざるを得ないわけですから、閣議決定でなし得る範疇を超えた措置であり、内閣の権能を超えたものと断じざるを得ないもの、私はそのように考えます。

3　武力行使の新三要件

長谷部　次の問題ですが、この閣議決定後に政府が定式化した自衛の措置としての武力行使の新三要件と言われるものがあります。これは、①我が国に対する武力攻撃の発生、②それを排除するために他に適当な手段がないこと、③必要最小限度にとどまること、という旧来の個別的自衛権発動の三要件に、集団的自衛権発動の要件を溶け込ませた形で定式化されています。こうした要件の定式化についてはいかがでしょうか。

大森　いわゆる新三要件、これを誰が考え出したのかはよく判らないのですが、本来、集団的自衛権の行使を合憲であるという前提に立ちますと、要するに、個別的自衛権については今までと行使し得る要件は全然変わりがない。したがって、自衛権発動の三要件と言われるものは全然手入れされる必要がないわけですから、集団的自衛権の行使を認めることによる新しい要件を抜き出して、それを追加的要件として表面に出して考えることが、事柄の性質を明らかにするためには良いのではなかろうかと思いまして、その二つの新旧要件を並べて眺めましたら、なるほど、言葉の使い方が方々で違っているわけです。従前のものは「自衛権発動の三要件」と。今度のものは「自衛の措置としての武力行使の三要件」と。用語も違っているわけですが、この閣議決定中で指摘されている部分を要件として書き出している第一要件の後半部分が問題です。

長谷部　「我が国と密接な関係にある他国に対する武力攻撃が発生し、これにより我が国の存立が脅かされ、国民の生命、自由及び幸福追求の権利が根底から覆される明白な危険があること」という要件ですね。

大森　その部分を、今ご指摘いただいたように読み上げますと、今回の追加部分の不自然性が浮き彫りにされるのではなかろうか。要するに、逆に、この新要件を考え出した人の考えを憶測しますと、こういうふうに追加要件の不自然性を覆い隠すために、個別的自衛権・集団的自衛権の発動要件を混和して記載することにしたのではなかろうかと憶測しております。

4 法的安定性

長谷部　本件の閣議決定ですが、先ほどご説明いただきましたとおり、論理的な整合性については多言を費やしていますが、もう一つ必要だと閣議決定自体が指摘している法的安定性についてはほとんど何も語っていません。新たな憲法解釈は法的安定性を保っていると言い得るでしょうか。

大森　集団的自衛権の行使の可否は今日に至るまで、国会でいろいろな観点から議論されてきたわけですが、憲法制定以後ずっと国会で議論が重ねられてきたということ自体も、解釈変更を認めるか、認めないかの検討に際して重視しなければならないと指摘されてきました。

　憲法九条に関する過去の議論を振り返ってみますと、昭和二〇年代の前半においては、憲法九条が自衛権そのものの保有を認めているのかどうかということに焦点を置いて議論がなされました。その後、朝鮮動乱によって、国内の治安を事実上守っていた米軍が朝鮮半島に移動したため、治安の真空状態を埋めるために警察予備隊が創設され、そして、それが保安隊へ改組されていったわけですが、この段階では憲法九条二項の「戦力」の解釈、これが国会及び社会で論争の的になり、「戦力」とは警察力を超える実力だという説が多数を占めていました。保安庁法は、保安隊は依然として警察力であるとの建前が示されていましたが、人的・物的に増強されたため、「戦力」を上記意味に解すると、これに該当し、憲法に抵触するおそれが生じました。そこで、政府の統一見解として、「近代戦争遂行能力」という説明を採用した、そういう時代がありました。そこまでは、まだ集団的自衛権の行使と憲法九条との関係が国会で論争されることは表面的にはなかったということになります。

　ところが、昭和二九年七月一日に、自衛隊の創設に際して、憲法九条の解釈を整理して、後で述べる三点にまとめられました。ここで、なぜこういうことをしたかという背景を、若干申し上げておきますと、当時の法制局内では、この「近代戦争遂行能力」というのを、変えたほうがいいかもしれないという声が出たようですが、当時の長官は、自分がいる間はそこをいじらないでほしい。自分が辞めたらそこの問題を解消するように表現を変えればいいじゃないかというようなことで、自衛隊創設の昭和二九年七月一日までは近代戦争遂行能力説を変えなかったのです。自衛隊の創設に至りましたので、以下の内容に整理されました。憲法九条の解釈を変えたのではなくて、憲法九条の解釈の表現を整理したのだ、これは文言を整理したのであって、趣旨の変更をするものではないのだということを何度も念を押したようです。

　そこで整理された論点は三点で、第一点は、憲法九条一項は国際紛争を解決する手段としての戦争、武力による威嚇又は武力の行使を禁じているが、独立主権国家に固有の自衛権までも否定する趣旨のものとは解されないと。先ほど、独立主権国家や固有などという言葉を使いましたが、それはこの辺りから引き出した用語の使い方でもあるわけです。第二点が、同条二項は「戦力」の保持を禁止しているが、自衛権の行使を裏付ける自衛のための最小限度の実力を保持することまでも禁止する趣旨ではなく、この限度を超える実力を保持することを禁ずるものである。第三点が、自衛隊は、我が国の平和と独立を守り、国の安全を保つための不可欠の機関であって右の限度内の実力機関であるから、違憲ではない。この三点にまとめまして、以後、今日というかこの間まで、この問題を論じられるときには、政府はこの内容の表現を一歩も出ずにこの範囲内で説明してきたのです。

　当初は、主として自衛隊の違憲論に対する反論としてこれを引用してきましたが、集団的自衛権の問題については、昭和二九年四月一六日に衆議院内閣委員会・外務委員会の連合審査（日米相互防衛協定の締結承認案件）、その席上で外務省の下田条約局長が、現憲法下において外国と純粋の共同防衛協定、つまり日本が攻撃されれば相手国は日本を助ける、相手国が攻撃されれば日本は相手国を助ける、救援に赴くという趣旨の共同防衛協定を締結することは不可能であろうと存じておりますと、よりによって、外務省の条約局長がこういう答弁をしている例があるのです。下田さんも、これは局の中あるいは省の中で十分に検討し尽した上での結論ではない、自分が考えてそう思っているのだと付言されているのですが、要するに条約局長が自らこう言っているということは非常に有力な資料です。

長谷部　集団的自衛権の行使は憲法九条の下では許されないという立場は、昭和三五年四月二〇日の岸総理の答弁でも明言されていますし、また、最近よく言及される昭和四七年一〇月一四日、参議院決算委員会に提出された政府の提出資料においても重ねて確認されています。こうした国会における質疑、討論を通じて、集団的自衛権の行使が憲法九条に反する典型的な行為であることは当然の前提とされてきたと思うのですが。

大森　国会における質疑においては、集団的自衛権の行使が憲法九条に反するのだと、抵触するのだということは、所与の前提とされ、当然の結論とされてきました。野党の質問は、例えば安保条約で基地を提供するということは、集団的自衛権の行使に当たるから、憲法九条に抵触して認められないのではないかというように、集団的自衛権の行使は、憲法九条に反することの典型的な事柄として、当然のごとく使っていたのです。

今までの通常国会、あるいは特別国会等では、総理以下全大臣が出席する委員会で野党の代表は、内閣の防衛に関する基本的な姿勢、意見を糺すために、必ずこの点については質問をしてきました。今までと同じことを当然のこととして、それを確認するための質問を毎国会続けてきたわけです。この期に及んでそれをひっくり返すということは、憲法解釈の法的安定性を著しく害することになると考えます。

5　最高裁砂川判決と集団的自衛権の行使

大森　最高裁砂川判決の射程範囲については、裁判の実務に関与する法曹においては、当該判決は集団的自衛権行使の合憲性の有無まで射程範囲とするものではないとすることに異論はありませんが、憲法学の立場からは、どのような見解が通説でしょうか。

長谷部　砂川事件で問題とされたのは日米安全保障条約に基づく米軍駐留の合憲性であって、同条約は日本の個別的自衛権とアメリカの集団的自衛権との組合せで日本を防衛しようとするものですから、この判決において日本が集団的自衛権を行使し得るか否かが、全く争点となっていないという点は、憲法学界でも異論はありません。

集団的自衛権の行使容認を読み込むために引き合いに出される「わが国が、自国の平和と安全を維持しその存立を全うするために必要な自衛のための措置をとりうることは、国家固有の権能の行使として当然のこと」という文言が現れる判決文の当該段落は、「憲法九条は、わが国がその平和と安全を維持するために他国に安全保障を求めることを何ら禁ずるものではない」という結論で締めくくられています。つまり、憲法九条により「戦力」を保持しないことから生ずる防衛力の不足を、アメリカに安全保障を求めることで補うことは禁じられていないとの結論を引き出す過程で、日本は「必要な自衛のための措置」をとりうることが言及されているにとどまります。

最高裁判決の先例としての価値、つまり当該先例から引き出される一般法理が何かは、あくまでいかなる具体的争点に対してなされた判決かに即して決まるものです。砂川判決から集団的自衛権の行使が合憲であるとの結論が導かれるとの主張は、こうした法律学のイロハのイと衝突します。朝日訴訟や皇居前広場訴訟など、最高裁が傍論において重要な憲法判断を示したことはありますが、それらの判決では、最高裁が傍論でわざわざ一般的な憲法法理を述べるということが明示された上でそうした一般法理が宣言されています。砂川判決では、そうした事情は全くありません。この判決に集団的自衛権の行使を許容する最高裁の意図を読み込むことは、全くの暴論です。

6　集団的自衛権行使の要件の明確性

長谷部　七月一日の閣議決定は、文言上は集団的自衛権行使の要件として、我が国と密接な関係にある他国に対する武力攻撃が発生することにより、我が国の存立が脅かされ、国民の生命、自由及び幸福追求の権利が根底から覆される明白な危険がある場合に限って、集団的自衛権の行使が認められるのだと言っていますが、果たして、これは集団的自衛権の行使について明確な要件を定めていると言えるものでしょうか。

大森　この部分の文言を素直に判読すると、それはかなり限定的な表現のはずなのです。言葉を換えると、集団的自衛権の行使を認める場合でも、その範囲は非常に狭く限定的な事態において行使が認められたにすぎないのだと読めようかと思います。しかしながら、政権側の総理、あるいは外務大臣、あるいは防衛大臣の国会答弁、その他の説明によると、表現上は限定的なものでありながら、例えば、かつての湾岸戦争において、ホルムズ海峡に設置された場合の機雷の掃海は当然認められると主張したり、また自衛隊派遣の地理的制約はないはずだと公然と表明しています。その説明、答弁を前提として考えると、新三要件というのは、現実的にはほとんど制限的作用を果たさない、まやかしの要件を設定したにすぎないと言わざるを得ないのではなかろうかと考えております。

長谷部　定式化されている文言と、その定式化をしている政府側の意思との間にずれがあるというご指摘と理解してよろしいでしょうか。

大森　はい。

長谷部　さらに与党協議の場においては、「根底から覆されるおそれ」という表現では、判断の客観性が保たれないということで、「明白な危険」というように表現を変えたと言われているのですが。

大森　我々が非常に良識を期待した公明党の関係者は、「危険」あるいは「明白な危険」、特に「明白な危険」というように、「明白な」という語を加えることにより、危険を限定しました。それによって、心配がなくなったという新聞報道がされているわけです。そもそも、「危険」というのは、『広辞苑』等の辞書を紐解くと、「危害または損失の生ずるおそれがあること」というように説明されています。「おそれ」という不確定概念が、本質的に「危険」の用語の中に含まれています。したがって、そういう用語に「明白」という言葉を重ねても、発生の不確実性を除去するということは、用語の本質的意義から不可能ではなかろうかと考えます。「明白な危険」と限定したから、あまり幅広の濫用のおそれがなくなったのだと、何となくこう理解されているようですが、ここのところは大いに指摘しておかなければならない点ではなかろうかと考えております。

長谷部　新三要件で言うところの、他国への武力攻撃で日本の存立が脅かされる、国民の権利が根底から覆される明白な危険が現実化するということが、そもそもあり得るのかという問題もありそうですね。

大森　そんなことが現実化するとは想定し難いし、逆に、政府が「明白な危険」があると「総合的に」判断しさえすれば集団的自衛権が行使できるのだということになれば、歯止めはないも同様だと思います。

自衛隊法七六条→資料5頁で定められた、個別的自衛権に基づく武力の行使に限っても、防衛出動命令の要件と、出動した部隊が我が国を防衛するために武力を行使するという次元とは差があるわけです。防衛出動命令は、現実の武力の行使をするよりも、かなり前の段階のことになります。それに関する七六条は、「明白な危険が切迫している」と。「切迫」という言葉をもう一つかぶせて、そういう場合には防衛出動の命令ができるのだと法律には書いてあります。「明白な危険」だけでは足りないのです。公明党はどうしてそこまで言わなかったのか、あるいは知っているから、切迫性も入れろということになると、自分のところの新規性がなくなってしまうから入れなかったのか、そこのところを私は不思議に思っています。

長谷部　「切迫性」を欠く段階での集団的自衛権の行使は、個別的自衛権行使とのバランスも問題となりそうですね。

大森　集団的自衛権行使容認は、個別的自衛権の行使との平仄を欠くのではないかということが裏からはそう言えるわけです。我が国による集団的自衛権の行使としての最初の我が国の武力行使、これは「明白な危険」があるということによって行われるわけです。しかし、個別的自衛権の場合には、急迫・不正の侵害が発生するということが個別的自衛権行使の三要件の最も大切な第一要件なのです。個別的自衛権のほうでは、まだ実力行使が認められない、そういう「明白な危険」があるにすぎない段階で、集団的自衛権の場合は、新要件には合致するから武力行使を行う。

長谷部　他国を守るためなら武力行使するということですね。

大森　そうです。これは、よくよく見ると先制攻撃なのです。ここのところは平仄を欠くのではないか。逆ではないですかと言いたくなるのです。ここのところは、あまり言われないところですけれども、非常に大切な要点だと思います。

7　日本の安全保障に資するのか

長谷部　集団的自衛権行使との関係で残された問題として、集団的自衛権行使の容認が、果たして我が国の安全の保障に資するものと言えるのかという大問題があると思います。もう少し具体的に申しますと、むしろ集団的自衛権を行使することにより、国際紛争に日本が巻き込まれてしまうことになるのではないか。かえって第三国との関係で、第三国からの武力攻撃を直接に我が国が受けるリスクも増すことになるのではないかという問題もあるように思いますが、その点についてはいかがでしょうか。

大森　ご指摘の点は全くそのとおりだと思います。我が国が集団的自衛権の行使として、密接な関係がある国を守るために、武力攻撃をしている第三国に我が国の攻撃の矛先を向けることになると、その第三国は、反撃の正当な理由がある場合もあり、ない場合もあるのでしょうが、反撃の正当な理由の有無にかかわらず、事実上の問題として、今度は我が国に対して攻撃の矛先を向けてくることは必定で、集団的自衛権の抑止力以上に、多国間の国際紛争に、我が国が巻き込まれる危険を覚悟しなければならない。バラ色の局面到来は、集団的自衛権の行使によっては到底期待できないのではなかろうかと思います。

　この点は、私の周辺にもいろいろな立場で、良識ある人もたくさんおられるわけです。この人たちは、私が政府の施策に懸命に反対しているのは馬鹿なやつだと思われているのではないかと思い、恐る恐る「あなたは、集団的自衛権の行使をどう思われますか」と聞いたら、「いやいや君、そんなのは心配する必要はない。自分も反対なのだ」と。その反対理由はここのところなのです。かえって新しい国際紛争に日本を巻き込むきっかけになってしまう、だから反対なのだということを述べる人は結構多くて安心しています。

長谷部　武力行使のための海外派兵も懸念される点ですね。

大森　海外派兵の可否ですけれども、これは正面から聞かれると、いいえ、外国への戦争に自衛隊を派遣する、参加させるようなことはいたしませんよと公言されるのですが、武力行使の新三要件では、そうした海外派兵はできませんというようには読めません。これは、周辺事態法の改正をどのように書くのかとも関係します。どうも「周辺」→資料52頁概念を落とす方向のようです。だから、そちらのほうからも、海外派兵を防止する、今後も海外派兵はいたしません、ということはなくなるのではなかろうか。端的に言うと、地球の裏側でも、アメリカの部隊の居るところには、日本の自衛隊が、ときには集団的自衛権の共同行使者として、あるいは後方支援者として来援することが少なくないでしょう。

長谷部　重要影響事態への対処のための後方支援ですね。

大森　後方支援隊として、事実上そうなるのではなかろうかと思います。

長谷部　両者の間に切れ目を作ることは難しいでしょうね。

大森　はい。

8　武力行使一体化の論点

長谷部　他国の武力行使と自衛隊の活動との一体化の問題についても、これはほかならぬ大森さんが構築された論点ですのでお伺いします。従来の政府の憲法解釈では、これは現在もそうだと思いますが、憲法九条の下では、他国の武力行使と一体化するような自衛隊の活動は許されない。そして、他国の武力行使との一体化の有無をどう判断するかという点について四つの考慮要素、これを「大森四要素」と言われることもあるようですが、①他国の活動の現況、②我が国の活動の具体的内容、③他国が戦闘行動を行う地域と我が国の活動場所との地理的関係、④両者の関係の密接性とを総合的に勘案するのだと。ただ、これは事態に即し、個々具体的に判断していかなくてはいけないというのが基本的な考え方だったと思います。

ただ、現実問題として考えた場合に、現場の指揮官に、こうした具体の事態に即した総合的判断を、その時々で求めていくのは難しいのではないか。そうだとすると、ある程度余裕を持った形で明確な境界線をあらかじめ引いておく必要があるように思います。そうした点から考えて、現在議論の的になっている、現に戦闘が行われている「戦闘現場」と、「非戦闘現場」との区別をなくす。あるいは、後方支援と言われるときの支援の内容を拡大していく。そういう提案についてどのようにお考えですか。

大森　その前段階について是非お話ししておきたいことがあります。この一体化論の考え方は、外務省が目の敵にし、一番嫌いな考え方なのです。何かあると一体化論の考え方はやめろと言うのです。ところが、今回の閣議決定を見ると、そこのところはちゃんと書いてあります。それは好き嫌いの問題ではなくて、言わば憲法上の判断に関する当然の事理を述べたものだと。これは、いかに外務省が口を酸っぱくして反対しても、ここのところは突破できなかったのだろうと思います。だから、当然の事理だからということで、横畠長官が頑張ったのか誰が頑張ったのか判りませんけれども、これが残ったというのは、今の閣議決定をした内閣としては褒めるべき事態です。

長谷部　踏みとどまったということですか。

大森　そうだと思います。もう一つ、武力行使が一体化しているかどうかの判断は、今までも、誰が決めるのだ、誰が判断するのだと、繰り返しその問題を嫌みとして言われました。特に法制局側でこういう問題を答えると、法制局は審判官として、担当参事官がその戦場に行って、その参事官が旗を振るのか、そんな馬鹿なことはないだろうという、そういうことを言われていました。

もう少しまともな疑問として、個別的判断の問題だと言われた場合には、防衛省で判断するのか、総理が判断するのか、そこのところの適正な判断が本当にできるのかという問題も、繰り返し指摘されました。個別的判断だと言っても、現実の紛争ごとについての法の具体的な判断ではなくて、類型的な個別的判断なのだということなのです。そういうことまで内部では話をしていたのですけれども、国会で答弁するところまで、今までは行かなかったのです。個別的判断では不安定ではないかとか、法制局でそんなことを決めるのは、素人がそんなことをどうして決められるのだと。

したがって、ここを総合的に勘案して判断するということは、結局、制度的な問題として処理することが予定されているのです。

長谷部　これまでは「後方地域」とか、「非戦闘地域」という概念を作って対処していたわけですね。

大森　はい、そうです。そのように戦闘現場と、非戦闘現場は、確かにそれは一線で観念的に分けることは可能だと思いますけれども、我々がこの問題をこのように処理するために、内部で議論していたときの意味は、一線を画するという意味であり、実は一線では駄目なのです。一線では、戦闘現場と非戦闘現場が接していることになります。法文上の処理としてはそういう一線ではなくて、言葉を換えると二線を置くのだと、その間にバッファーゾーンを置いて、戦闘現場の場所変動が非戦闘現場における後方支援活動に直ちに影響しないような、そういう枠組みを作るべきなのだと言ってきたわけです。それは法的にどう解決するのか。

法制局の第一部では、そういう法文の条文を考えるのではなくて、考え方を整理します。その考え方を、今度は法文にどう落とすかと。例えば、周辺事態法などは第二部の所管で、当時の第二部の担当参事官であった横畠氏（現長官）が妙案を考えたわけです。「後方地域」という概念です。「後方地域」というのは、周辺事態法の条文では、「我が国領域並びに現に戦闘行為が行われておらず、かつ、そこで実施される活動の期間を通じて戦闘行為が行われることがないと認められる我が国周辺の公海及びその上空の範囲」→資料54頁（三条一項三号）と規定されています。したがって、そこで補給その他の支援活動を行う場合には、戦闘地域が我が国の部隊に影響を直ちに及ぼすことがないわけです。

長谷部　ただ、そこが今回はどうも戦闘現場でなければ支援活動をしても構わないという形で、大森さんの言葉をお借りすると、二線ではなくて紙一重のところまで自衛隊の活動内容が拡大することが予定されています。となると、余裕がなくなるわけですから、それこそ個々の状況において、憲法に反する他国の武力行使との一体化が現に起こり得ることを意味していることになりますね。

大森　はい。これを法制化すると、余裕がなくなるから、戦闘地域の中で立ち往生したら大変な事態になるわけです。それは、防衛省のほうでも、そんな馬鹿なことはしないですから、運用としては控えめにしかしないことになるのだろうと思います。だから、法律改正の際に、こういう閣議決定のような考え方では、多分、改正案はできないのではなかろうかと、不安を抱きながらも期待しているところなのです。

もう一つ、支援内容の拡大の点はとんでもないことです。周辺事態法の改正案の確定的なところは判らないわけですけれども、新ガイドライン→資料62頁・63頁の記載を見る限り、現在の周辺事態法の別表第一・第二の各備考では付けられている部分が、どうも今度は飛ばされてしまうのではないか。というのは、この新ガイドラインのマスコミの報道では、武器・弾薬を戦闘地域に運ぶ、それから、発進準備中の航空機に対する給油・整備を行うことになりました、とされているものですから、多分改正案の別表第一・第二の内容が若干変わった形で残るのでしょうけれども、その備考は法律では取り払われるのではないかと思います。そうすると、そこのところを「そうですか、それは大変なことですね」ということ以上に、私がけしからん話だと思うのは、なぜ別表の備考が周辺事態法では付いたのか。あの部分は、旧ガイドラインの交渉中に、戦闘準備中の戦闘機の給油等については、武力行使の一体化として、はねるかはねないか、喧々諤々議論がなされたという経緯があるからです。

長谷部　武器・弾薬の供与、そして発進準備中の戦闘機への給油ですね。

大森　はい。それは、私が直接外務省、当時の防衛庁と接触したわけではないのですが、担当参事官の当時の報告によれば、武力行使の一体化を肯定するか否定するかは大変な議論で、向こうは向こうで折れないのだという状態までいったときに、では、それは武力行使と一体化する類型だから、それを断定して追い払えと言ったことがあります。

そうしたら、そのうちに備考で除くことになりましたと。備考で除くことにした理由が、米軍がそれを求めないことにしますということになりましたと。だから、米軍が認めない、需要がないということは、法律で何もやることを予定する必要はないので、需要がないから、その点は明文で除いて問題はなくしましたということになったのです。今回もその事態は変わっていませんし、しかも何も書いてない。書かれないということになると、アメリカはそれを求めるのでしょうね。それを求めて、しかも武力行使の一体化は認めない、やりますと。だから、そこのところをよくもこういうふうに認めるねということです。一番典型的な武力行使の一体化の事案なのです。

特に、正に戦闘機が発進しようという準備段階で給油する、整備する。それを、現実に我が国の航空自衛隊の隊員自身が行うのか、あるいは整備業務に従事している者が行うのかはともかくとして、そのようなことがまかり通ることになり、そのような改正案が出てきたら、本当は国会で直ちにご指摘を願わなければいけない事態であるはずです。

長谷部　旧ガイドラインを討議するときに、明確に武力行使の一体化論に基づいて、違憲とされるはずであったのに、そうなっては大変だというので議論が沙汰止みになっていた。その問題を蒸し返して、「いや、あのときには結論は決まっていなかったのです」という形で議論がされているわけですね。

9　PKOでの武器使用範囲拡大

大森　PKO→資料30頁協力法の改正案中で武器使用→資料48頁範囲の拡大案が盛り込まれていることに、一言所感を述べます。安保関連法案反対の立場の人は、政府がやろうとしているところは、概して気に入らないという反応が起こりがちなのです。しかし、まともなことなら、仮に武器の使用の範囲を広げるとか、そういうやや危ないことについても、認めるべきことは認めないといけないと思います。何でも反対では、本当に国民から信頼される議論にはならないと思います。だから、そこのところを何らかの形で皆に考えてほしいのです。

長谷部　その場合は、適切な武器使用規則はきちんと作ることが前提になりますね。

大森　もちろんそうです。だから、場合によっては武力の行使自体が起こらないように、それはそういう歯止めがもちろんなければいけないわけです。駆けつけ警護と、それから、いわゆるB型武器使用は、ＰＫＯ協力法を作ったときは、我が国としては初めての事柄だから控えめにしておこうということで抜いたのであって、駆けつけ警護のところは問題にもならなかったです。ＰＫＯ活動というのは、一国だけで担当するのではなくて、必ず何カ国か複数の国の部隊が関係しております。だから、我が国だけが、武器使用に関して他と違う基準を持って当たるというのはよくないと思うのです。現場も困ります。

駆けつけ警護などというのはかえってA型武器使用の、今でも認めている武器使用の一類型のはずなのです。だから、あれ自体はそんなに武力行使に発展する可能性はほとんどないわけです。B型のほうについても、あれぐらいはやれることにしておかないと、ＰＫＯ活動は、要するに停戦合意によりもたらされた不安定な平和を事態の悪化を何とか抑えながら恒久平和に導いていくＰＫＯ活動を円滑に進めることが困難です。国民安保法制懇に結集した皆さんの中には、消極的意見も少なくないかもしれませんが、提案は前向きに対応すべきであると考えます。

長谷部　本日は大森政輔さんから安保関連法案につき、貴重なご意見をいただきました。どうもありがとうございました。

［二〇一五年五月八日収録］

安保関連法案の論点――「日本の平和と安全」に関する法制を中心に

学習院大学教授
青井未帆

二〇一五年五月一五日に国会に提出された、安全保障関連一括法案は、一本の新法制定と一〇本の法律改正を一気に行うものであり、安全保障法制の性格を根底から変容させる内容である。それは、憲法九条とその下で作られてきた従来の枠組みの中では説明不能であって、違憲と評価せざるをえない。

安保関連法案は、これまでの枠組みには収まらない内容を無理やり入れているため、「無理が通れば道理引っ込む」状態となっている。本稿では、「日本の平和と安全」に関する安保法制を確認しながら、安保関連法案が「無理を通す」さまを中心に見てゆく。なお、「国際秩序維持」に関する法制については、本書、柳澤論文を参照されたい。

1 前提

日本の安保法制は、他の国におけるそれとは、根本的に異なっている。戦争放棄・戦力不保持・交戦権の否認を謳う憲法九条の下にある以上は、当たり前だろう。しかし、当たり前といえるのは、九条が「単なる理想」にとどまらない規定であるという前提に立つ限りである。九条を「国家を縛る法」として政府自身が理解してきたことに、改めて、注意を払いたい。

憲法九条は、軍隊に権限を配分しないという「無」の規定である。そのような憲法の規定にもかかわらず、自衛隊を正統化して、さらにその活動しうる範囲を確定するという作業は、理屈（論理）の力に頼らざるをえない。

そこで、日本では自衛隊に「できる」ことの法的根拠が常に問われ、それ以外は「できない」ものとされているのである。これは、アメリカでとられているように、軍隊に「できる」ということがデフォルトで、国際法や憲法などが「できない」限界を規律するという思考とは逆である。

2 枠組みの理解

一つひとつ理屈を重ねて自衛隊の活動領域や活動内容を広げる過程で、憲法九条との整合性を図るために、だいぶ「無理屈」と思われるような解釈を施してきた結果、日本の安保法制は複雑なものとなっている。とはいえ、憲法の規範に照らして形成されてきたのであるから、この線に沿って理解するとよいだろう。

戦力不保持を定めた九条の下で自衛隊を正統化する政府解釈を簡単に説明すると、次のとおりである。「他国からの武力攻撃があった場合に、座して死を待つことを憲法が命じているとは考えられない。自国を防衛するための必要最小限度の実力は憲法に違反しない」、と。また、自衛隊の活動への憲法による制限としては、九条一項の禁ずる「武力の行使」に当たるかどうかがポイントである。

そこで、自衛隊の活動を正当なものとして説明するための議論としては、次の二つの道筋が考えられる。便宜上、議論Aと議論Bと呼ぼう。

議論A　「憲法は武力の行使を禁じているが、その例外として許される武力行使がある。」（個別的自衛権の行使）。
議論B　「武力の行使に当たらないからできる。」（後方〔地域〕支援等）。

これら二つの議論の道筋は、今般の安保法制整備においても維持されている。しばしば混同される傾向があるものの、理屈の違いを意識する必要がある。

(1)「例外として許される武力行使がある」という道筋

先に整理した議論Aにいう「例外」については、長らく「我が国に対する外部からの武力攻撃の有無」をもって判断されてきた。「例外」に当たる場合が、「直接侵略」（自衛隊法三条→資料3頁）であり、この場合に自衛隊は防衛出動（同法七六条→資料5頁）をして、自衛のために武力を行使しうる（同法八八条→資料10頁）。このことを簡潔にまとめていたのが、二〇一四年七月一日の閣議決定より前に採用されていた「自衛権発動の三要件」である（①我が国に対する急迫不正の侵害があること、②この場合にこれを排除するために他に適当な手段がないこと、③必要最小限度の実力行使にとどまるべきこと）。

事態の緊迫度を、〈予測→切迫→武力攻撃〉と段階的に構成する武力攻撃事態等における我が国の平和と独立並びに国及び国民の安全の確保に関する法律（以下「武力攻撃事態法」という）が制定されて、自衛のための武力の行使までの手続は複雑になったが、自衛権発動の三要件は維持されていた。そこで、「武力攻撃事態には至っていないが、事態が緊迫し、武力攻撃が予測されるに至った事態」である「武力攻撃予測事態」（武力攻撃事態法→資料70頁二条三号：防衛出動待機命令等を下令できる）や、「武力攻撃が発生する明白な危険が切迫していると認められるに至った事態」（同法二条二号：防衛出動を下令できる）である「武力攻撃（切迫）事態」であっても、自衛隊は武力を行使できない。あくまでも、「我が国に対する武力攻撃」が発生することが武力行使の要件とされてきたのであり、その場合に武力攻撃を排除しつつ、その速やかな終結を図り、武力の行使がなされうる。

① 武力の行使と国会の事前承認

武力攻撃への対処と国会の事前承認の関係について、少し細かく見ておこう。あらかじめ述べておくと、武力の行使を政府の自由な判断に任せるのではなく、国会の事前承認という原則にこだわって、制度が作られてきた点に特徴がある。

内閣総理大臣の自衛隊に対する防衛出動命令は、自衛隊法→資料5頁七六条に規定があるが、武力攻撃事態法により、武力攻撃事態等への対処に関する基本的な方針（対処基本方針）は閣議決定をもって成立し、この時点から各種対処措置が実施可能となるため、防衛出動と国会事前承認の仕組みはきわめて複雑である。

対処基本方針には、「内閣総理大臣が防衛出動を命ずることについての自衛隊法第七六条第一項の規定に基づく国会の承認の求め」と記載して、閣議決定後にその対処基本方針について国会承認を得なくてはならない（武力攻撃事態法→資料74頁九条四項一号）。次に、国会承認が得られた場合には、当該基本方針を変更して「防衛出動を命ずる旨」を記載することとなる（同法同条一〇項）。この手続を踏むことで初めて、内閣総理大臣は防衛出動を命令することができるようになる。

そして、特に緊急の必要がある場合には「内閣総理大臣の防衛出動命令」を対処基本方針に記入して、閣議決定後に防衛出動を命令することができる。この場合であっても、対処基本方針について、直ちに国会の承認を求めなくてはならないことになっている（同法→資料74頁同条四項二号）。

多くの国は、武力行使に際して議会をどのくらい関与させるかという問題につき、宣戦布告の手続にこれを関与させることを選択している。たとえば、アメリカでは、憲法によって議会に宣戦布告の権限が与えられている（合衆国憲法一条八節一一項）。さらに戦争権限法により、戦力投入について議会が関与しうる仕組みが設けられている。だが、これは海外での米軍投入についての制度であり、自国への攻撃に対して軍を動かすことまでは、議会の関与は要されていない（戦争権限法五条(c)）。また、ドイツは防衛事態に際しての議会の関与は厳格に定められているが、それでも、武力攻撃がすでに発生している場合には、議会の同意を得ずとも、軍隊を出動させることができる（基本法一一五a条四項）。

防衛出動に国会の承認の必要を貫こうとする我が国の制度は、憲法上、軍隊に与えられた権限が「無」であるところ、国会の制定する法律によってこのような巨大な実力を生み出してきたことに由来しているのだろう。憲法上の正統性への疑義を穴埋めするためには、まさに作り出した主体たる国会が、国会承認という形で正統性を付与しなくてはならないという理由が背景にあるのだとしたら、それは理屈が通っているものと考える。

② 領域外での活動

また、元来日本の安保法制は、日本が外部から武力攻撃を受けた場合を想定したものであり、国外での自衛隊の活動は、そもそも想定外であった。

そのため、自衛隊法→資料19頁一〇三条に規定する施設の管理、土地等の使用、物資の保管・収用等といった防衛出動時の国内対処措置は、防衛出動の下令に付随する法的効果と位置付けられていて、別途、国会承認の対象とはされていない。防衛出動についての国会承認に、これら措置についての承認は含まれるものと解されてきたためである。これは、自国防衛という目的のための組織ならではの仕組みといえ、海外で自由に軍隊を展開させることは想定外であることが、ここからも読み取れるだろう。この点、ドイツでは、ドイツ連邦の領域が武力攻撃を受けたことによる国内対処措置と、ドイツ軍の領域外出動手続とを別の系列として、手続が区別されているのとは対照的である。

防衛出動と国内対処措置とが法律上連動する仕組みであることは、自衛隊が領域外で活動しない限りは問題がないのだが、領域外で活動するとなると、話は別である。というのも、領域外での防衛出動の可能性も認められているためである。たとえば、次のような答弁がある。「我が国に対する武力攻撃とは、基本的には我が国の領土、領海、領空に対する組織的、計画的な武力の行使をいうと考えておりますが、法理論的には必ずしもそれに限定されるわけではございません。我が国の領域外で発生した武力の行使が我が国に対する武力行撃に該当するかどうかは、当該武力の行使が我が国に対する組織的、計画的なものと考えられるか否かによって判断されるべきものと政府は考えております。現実の問題におきまして、我が国領域外における特定の事例が我が国に対する武力攻撃に該当するかどうかにつきましては、個別の状況につきまして十分慎重に判断すべきものと考えております。」（二〇〇三年六月四日参議院武力攻撃事態への対処に関する特別委員会〔石破茂防衛庁長官（当時）〕）。

つまり、日本本土への危機が存在しない状態であっても、個別的自衛権の行使として自衛隊が武力を行使する可能性はこれまでも、すでに存在している→資料52頁。領域外での活動が増えれば増えるほど、個別的自衛権としての発動という可能性も高まる。このことは、今回の周辺事態に際して我が国の平和及び安全を確保するための措置に関する法律（以下「周辺事態法」という）の改正法案である、重要影響事態に際して我が国の平和及び安全を確保するための措置に関する法律案（以下「重要影響事態法案」という）とも関係する（後述）。

③　個別的自衛権と集団的自衛権の関係

以上のように、自衛隊は自国を防衛するための必要最小限度の実力として、憲法上正統なものとして正当化されており、政府は個別的自衛権を「自国に対する武力攻撃を実力をもって阻止する権利」としてきた（自国防衛）。そこで、「自国と密接な関係にある外国に対する武力攻撃を、自国が直接攻撃されていないにもかかわらず、実力をもって阻止する権利」たる集団的自衛権（他国防衛）は、そもそも自衛隊を正統化する論理の外にあるのであって、憲法上、行使できない。日本領域外での活動は、もともとは想定外であり、そのことは法制度の組立てからも窺われる。

政府は、個別的自衛権と集団的自衛権について、「両者は、自国に対して発生した武力攻撃に対処するものであるかどうかという点において、明確に区別されるもの」とする（二〇〇三年七月一五日答弁一一九号など）。つまり政府の理解において、個別的自衛権と集団的自衛権は、それぞれ重なる部分のない互いに独立の概念であって、他国防衛（集団的自衛権）は、まるごと、憲法九条の下で行使できないカテゴリーとされてきたのであった。憲法改正なくしては集団的自衛権を行使しえないということは、何度も確認されてきている。

(2)「武力の行使に当たらないからできる」という道筋

自衛隊の活動を正当なものと説明するためのもう一つの議論の道筋（先に**議論B**としたもの）は、武力の行使と区別される武器の使用（警察権行使）や後方（地域）支援等に用いられてきた理屈である。

今回の法案でも維持されている「武力行使との一体化論」は、この理屈に関係している。一体化論とは、他国軍隊への自衛隊の支援活動は、他国の武力行使と「一体化」すると評価されることがあってはならないものであるが、一体化しない限りにおいて自衛隊の活動は許されるとするものである。

先に見た**議論A**を拡張することは論理の上で容易ではないため、自衛隊の活動領域や内容を広げるためには、**議論B**を活用せざるをえなかったという側面がある。その結果、後でも見るように、**議論B**は、例えるなら、すでに引っ張れるだけ引っ張られているゴムのような状態にあり、現時点でも理屈が成り立たないで切れかかっているところもある。

本稿ですべてを網羅することはできないが、安保関連法案との関連において、いくつか限定的にピックアップする。

① 武器の使用

日本では国内法上の「正当防衛」と国際法上の「自衛権」という言葉は区別されており、自衛官が警察権の行使として武器を使用する場合には「正当防衛」の成立が問われる。そして「自衛権」は国家に対して武力行使の根拠を授権する規範である（関連する問題としてアメリカにおけるセルフ・ディフェンス〔「自衛」〕という言葉の意味については後述）。

日本で治安維持を担当するのは警察であり、平時において自衛官は武器の使用を原則として許されていない。PKO法等に基づき、自衛隊は海外へ活動領域を広げたが、その際、自衛官による武器使用を認めるに当たっては、自衛官個人の自然権的「正当防衛」が、理由として用いられてきた。すなわち、「『武器の使用』がすべて、〔九条〕一項の禁止する『武力の行使』に当たるとはいえない。例えば自己又は自己と共に現場に所在する我が国要員の生命又は身体を防護することは、いわば自己保存のための自然的権利というべきものであるから、そのために必要な最小限の『武器の使用』は、……『武力の行使』には当たらない。」、と（自己保存型武器使用。一九九一年九月二七日衆議院国際平和協力等に関する特別委員会〔政府統一見解〕。また、これの拡大について柳澤論文参照）。

② 周辺事態における後方地域支援

他国軍隊の活動への後方地域支援として、周辺事態法の例をとりあげよう。

一九九七年の日米ガイドラインは、主として朝鮮半島有事（安保六条事態）に際して行動する米軍への協力等、防衛協力のあり方について定めており、周辺事態法は、その国内法化である。

周辺事態において日本は有事ではなく平時であるため、「そのまま放置すれば我が国に対する直接の武力攻撃に至るおそれのある事態等我が国周辺の地域における我が国の平和及び安全に重要な影響を与える事態」→資料53頁（周辺事態法一条）への対処として自衛隊のなしうる活動は、武力の行使に当たらない限りで正当とされる。戦闘が行われている領域とは概念上区別された「後方地域」における支援活動は、戦闘とは関係がなく、憲法の禁ずる武力の行使には当たらないという理屈である。具体的な対応措置としては、後方地域支援（補給、輸送、修理・整備、医療、通信等）と後方地域捜索救助活動がある。

注意を払いたいのは、周辺事態の際の自衛隊による後方地域支援は、「日本平時・周辺有事」における「武力の行使に当たらない」活動と説明されているものの、実は国際法に照らせば、「軍事活動に効果的に資する」として、合法に攻撃対象とされる可能性が存在する点である（「一九四九年八月一二日のジュネーヴ諸条約の国際的な武力紛争の犠牲者の保護に関する追加議定書」〔ジュネーブ諸条約第一追加議定書〕五二条二項）。そのため、現実に存する武力攻撃への対処の必要性を踏まえるならば、周辺事態が武力攻撃事態（本稿でいう議論Aの話）と並立することが、実効的な運用上、不可欠となる。

3 安保関連法案の検討

(1) 安保関連法案がなそうとしていること

今般の安保関連法案は、上記の議論Aにおいて「例外」に当たる部分を広げ、議論Bにおいて活動へのハードルを低くして、自衛隊になしうることを広げようとしている。前者が集団的自衛権行使容認であり、後者が「非戦闘地域」という概念を不使用とし、後方支援の地理的限界を取り払うことや、米艦船等の防護を、武器等防護のための武器使用（自衛隊法九五条）→資料15頁を広げて警察権行使として可能にすること（自衛隊法改正案九五条の二）→資料15頁等に当たる。

(2) 集団的自衛権

① 政府の説明

集団的自衛権行使容認をした二〇一四年七月一日閣議決定の正式な表題は、「国の存立を全うし、国民を守るための切れ目のない安全保障法制の整備について」である。そこでは「我が国に対する武力攻撃が発生した場合のみならず、我が国と密接な関係にある他国に対する武力攻撃が発生し、これにより我が国の存立が脅かされ、国民の生命、自由及び幸福追求の権利が根底から覆される明白な危険がある場合において、これを排除し、我が国の存立を全うし、国民を守るために他に適当な手段がないときに、必要最小限度の実力を行使することは、従来の政府見解の基本的な論理に基づく自衛のための措置として、憲法上許容される」という説明がなされている（傍線筆者）。

②　我が国の存立

このように、今時の政府の説明においては、「我が国の存立」という言葉が多用され、キーワードとなっている。先に示した**議論Ａ**についていえば、武力を行使しうる場合の識別指標を「我が国への外国からの武力攻撃」の有無から、「我が国の存立」が脅かされるかどうかという概念へシフトしようとしていると理解することもできよう。集団的自衛権行使をなしうる事態を法案では、→資料70頁・79頁・86頁先に傍線を引いた部分をそのまま「存立危機事態」としている（「我が国と密接な関係にある他国に対する武力攻撃が発生し、これにより我が国の存立が脅かされ、国民の生命、自由及び幸福追求の権利が根底から覆される明白な危険がある事態」）。

しかし、武力行使の識別指標を「我が国の存立」にシフトさせることは、論理を破綻させることになる。

先述のとおり、軍事に関わる国の権限が「無」であることを述べた憲法九条の下で、政府解釈は、例外として自国防衛のためには実力を持ちうるし、また自国防衛のために武力行使しうる、とするのであった。このような原則・例外関係が成立するといえるには特に、例外について外延がきちんと確定できなければならない。もし例外が限定的に括り出せないなら、もはやそれは例外とはいえず、憲法上、軍事に関わる権限が「無」であるということの意味がなくなる。

これは法律論というよりも、一般常識の問題に近い。たとえば、「我が家の決まり」として「子どもはテレビゲームで遊んじゃいけません。」といっていたところ、それでは交友関係が成り立たないと子どもに泣きつかれて「じゃあ、学校の宿題が終わっていて三〇分間なら遊んでもよい。」という例外を決めたとする。「宿題が終わっている」「三〇分間」という限定は、おそらくは原則への例外として機能するだろう。しかし、もし例外として「気分転換が必要なときに遊んでも良い。」だったらどうか。もはや例外として機能するとはいえない。結局は、「いつでも遊んで良い。」というのと同じであり、「子どもはテレビゲームで遊んじゃいけません。」という「我が家の決まり」は空文化する。原則・例外関係が維持されるには、例外が例外でなくてはならないのである。

政府は、限定的な集団的自衛権なら、憲法九条の下での自衛の措置として行使可能であるというが、例外として挙げられたホルムズ海峡の機雷封鎖という事例自体、すでに与党の間でも例外として認められるかどうか、意見の一致を見ていない。「経済的理由で武力行使できるのか」、「日米同盟の揺らぎは理由になるか」などが争われているように、例外の限界は曖昧である。

「我が国への外国からの武力攻撃」の有無ならば、多くの国民が共通の判断に達することができるかもしれないが、「我が国の存立」については、限られた者しか接することのない特定秘密情報に基づきながら、多くの考慮要素を総合的に勘案して判断せざるをえない。「脅威が世界のどの地域において発生しても、我が国の安全保障に直接的な影響を及ぼし得る状況になっている」という政府の認識（二〇一四年七月一日閣議決定）に基づくなら、「我が国の存立」は時の内閣の判断次第でいかようにも膨らむことができる。個別的自衛権を正当化するために設定された原則・例外関係を、集団的自衛権には当てはめることは不可能である。理屈の上で破綻せざるをえない。

(3) 重要影響事態・存立危機事態

周辺事態は「我が国平時」の法であり、自衛隊の後方地域支援等は「武力による威嚇又は武力の行使に当たるものであってはならない」（周辺事態法二条二項）→資料53頁（議論B）。そのため、先に述べたように、実効的な運用のためには、武力攻撃事態（議論A）との並立は当然に必要となることであろう。

以上の関係のアナロジーとして、我が国周辺という地理的範囲を突破した「我が国平時」である重要影響事態（議論B）が、憲法上「自衛の措置」として例外的に武力行使をなしうる存立危機事態（議論A）とペアで、このたびの安保関連法案において準備されたものと理解できるのかもしれない。

存立危機事態という概念が破綻していることを既に述べているが、存立危機事態がなくても、既存の法制＋重要影響事態で、今回の法案によって達成しようとしている政策課題の多くは達成できるであろうことに、注意が必要である。

先に述べたとおり、そもそも他国軍への支援活動が「軍事活動に効果的に資する」（ジュネーヴ諸条約第一追加議定書五二条二項）ものであるとして攻撃対象となる可能性が、国際法上存在する。かりに攻撃対象とされたならば、政府解釈によれば、個別的自衛権が発動される場合もある。さらに、その場合、→資料5頁自衛隊法改正案七六条一項一号（従来の防衛出動）の規定で防衛出動することになるのであるから、国内の対処措置（→資料19頁自衛隊法一〇三条等）も含め、法律上は連動する。防衛出動を我が国の領域への武力攻撃に限らない限り、自衛隊の行動について、政府の判断次第でできる範囲がきわめて広くなってしまう。

もしかすると政府は、「存立危機事態は諦めても、重要影響事態を落とし所として通す」という肚かもしれない。それは、一見、譲歩のようであるが、他国の防衛のための第一撃が憲法上なしえないというだけで、そのほか提案されている政策課題については十分に目的が達成できるであろうことに留意すべきである。

(4) 武力行使との一体化論

存立危機事態とは、概念として成立するかもあやしく、しかもそれは実のところは不要なのかもしれないということを述べてきた。となると、武力行使への法文上の歯止めがきわめて弱くなる。「武力行使との一体化論」はどのくらいの効果を有するものであろうか。

かりに自らは直接武力の行使をしていないとしても他国が行う武力の行使への関与の密接性等から、我が国の憲法九条の禁じる武力の行使をしているとの法的評価を受けることがあってはならない、という理解が、「武力行使との一体化論」の前提にある。さらに、これまでは、「現に戦闘行為が行われておらず、かつ、そこで実施される活動の期間を通じて戦闘行為が行われることがないと認められる地域」である「非戦闘地域」という概念を作り出すことによって、法律上は、いかなる場合においても違憲な活動と指弾されることがないよう、工夫が施されてきていた。

以上の議論は、通常の場合に諸国では、戦闘行動と密接不可分であり軍事行動と理解される兵站等を、憲法的な禁止の対象としないためにする技巧的で操作的な説明ではあった。国際法的観点からすれば、いくらそのような解釈をしたところで、攻撃対象となるであろうことに変わりない。

しかし物理的に攻撃対象とならない場所で活動がされる限りにおいて（つまり、砲弾の届かないところにとどまることにより）、事実上、攻撃対象となることから免れさせるという、きわめて実務的な解釈であったといえよう。憲法と国際法との間をギリギリ綱渡りするに等しい。

今般の改正においては、非戦闘地域という概念が捨て去られ、「現に戦闘行為が行われている現場」以外でならば活動できることとなり、また捜索救助活動（戦闘行為によって遭難した戦闘参加者の捜索または救助）については戦闘行為が行われるに至っても、「既に遭難者が発見され、自衛隊の部隊等がその救助を開始しているときは、当該部隊等の安全が確保される限り」→資料59頁（重要影響事態法案七条六項）、活動しうるとされている。もはや憲法論と国際法論の間のギリギリの綱渡りということはできまい。国際法的な規律や国際社会における常識に正面から向き合わねばならないだろう。

(5) 武器等防護

自衛隊の行動を警察権の行使として広げることもまた、限界に達しようとしている。その例として武器等防護があげられる。

→資料15頁自衛隊法九五条の定める武器等防護は、警察権行使の一環として位置付けられるが、警察官職務執行法七条を準用するものではなく、別の系統である。国内最大の実力組織が固有に有する独特の権限として整理されてきた。

これを、米軍部隊の武器に応用することはできないことは、首相の私的諮問機関として設置された「安全保障の法的基盤の再構築に関する懇談会」の報告書でも指摘されていることである。二〇〇八年六月二四日に出された報告書では、米軍との共同海上作戦における米艦防護について、「自衛艦が攻撃されていないにもかかわらず、個別的自衛権の適用を拡大して米艦を防護するということについては、国際法に適合した説明が困難」であり、集団的自衛権の行使として説明すべきとの結論を得ていた。そして二〇一四年五月一五日の報告書でも「国際法違反のおそれがある」とされていた。

全くもってそのとおりであり、主権免除の対象に警察権を及ぼせるわけがない。二〇一四年七月一日の閣議決定、そして、この度の安保関連法案で、米艦防護は警察権の行使の一環として説明されているが、法の支配にコミットし国際法を遵守する国家である以上、他の国に対して警察権を使った説明をするとは思えない。そこで、対外的には、与党会議資料でも何度も出てきた「ユニット・セルフ・ディフェンス」という言葉が用いられるのではないか。*

* この言葉のいかがわしさにつき、青井未帆「安保法制は何を転換させせようとしているのか」世界二〇一五年六月号五四頁以下を参照されたい。

4 おわりに——どの国と一緒に戦うのか

日本が、どの国と一緒に行動することが念頭に置かれているのかという問題と、正面から向き合う必要がある。基本的にそれは米国であり、さらにオーストラリアを始めとして広がりを持っていることが、明らかになっている。

そこで米国がどのような国際法解釈に立っているかは、自衛隊の行動にとって、非常に重要なポイントである。

日本とは違い米国では、セルフ・ディフェンス（「自衛」）という概念一つで、「国家」から「個人」まで、広い範囲の主体による実力の行使が説明されている。そして、広く日本でも知られているように、これまで米国の歴代政権は、米国の国益や外交政策上の脅威に対処するために軍隊を使用する広い権限を有すると主張し、世界の数多くの紛争に軍隊を投入して介入してきた。

合衆国市民とその財産、合衆国の企業資産も、場合によってはセルフ・ディフェンスの対象となり、在外自国民の保護のためにもこれは発動されることがある。そしてテロリスト拠点に対するミサイル攻撃等の、先制的なセルフ・ディフェンスの権利も有するとの理解をとっている。さらに「敵対的行動」のみならず「敵対的意図」に対しても発動できる。これはつまり、第一撃を受ける前に予防先行的にセルフ・ディフェンスしうることを意味する。アメリカの国際法解釈は、予防的な武力行使を正当化する点で、諸国の中でも異色である。

つまり、存立危機事態にせよ、重要影響事態にせよ、武器等防護にせよ、自衛隊の活動の始点は、これまでの議論で前提とされてきたよりも早い段階にシフトする可能性がある。

長らく、安保法制の議論において、焦点が圧倒的に憲法論に当てられてきたのは、「国際法の規律よりも、憲法の規律の方が厳しいから、憲法論を論ずれば足りる」という理解がとられてきたためであろう。しかし、日本の個別的自衛権解釈が果たして国際法の観点から見て妥当なのか、アメリカの国際法解釈を適法なものとして、行動の前提に据えていいのか、真剣に検討されなければならない時がきている。

日本国政府は、憲法九条の下で「平和国家」として安保政策を作ってきていたはずであるが、「世界標準と比べても好戦的な国家である」との誇りを受けるようなことがあってはなるまい。

安保関連法案の論点――「国際秩序維持」に関する法制を中心に

元防衛省防衛研究所長
元内閣官房副長官補
柳澤協二

1　安保関連法案の狙い

(1)　切れ目のない対米協力

今回の安保関連法案は、本年四月二七日、日米安全保障協議委員会（いわゆる2プラス2）において合意された「日米防衛協力のための指針」（以下「新ガイドライン」という）を実現するための法制としての位置付けを与えられている点に大きな特徴がある。

すなわち、今回の法制は、政府が好んで使う「国民の生命を守るための切れ目のない法制」というよりも、その実体は、「日米同盟強化のための切れ目のない対米軍事協力のための法制」である。その実体との乖離を説明する論理が、「日米同盟が強固であれば抑止力が向上して日本が戦争に巻き込まれなくなる」という、抑止の論理だ。

本稿で取り扱う「国際秩序維持」は、日米同盟強化の文脈とは異なる「世界の平和がなければ日本の平和もない。したがって、日本も国際社会の一員としての義務を果たさなければならない」という国際協調の論理に基づいている。

しかし、ここでもその実体は、後に述べるように「米国が主導する有志連合・多国籍軍への協力」であって、国際平和に対する自発的義務というよりも米国の覇権によって形成されてきた秩序の揺らぎに対する補完を意味するものとなっている。

安倍晋三首相は、米国のイラク侵攻から占領統治に至るイラク戦争のさなかの二〇〇四年に出版された著書『この国を守る決意』において、「軍事同盟とは血の同盟であり、アメリカが攻撃されたとき血を流さなければイコール・パートナーとは言えない」と述べている。今回の法制は、アジア地域における米国覇権の揺らぎに対しては「日本防衛のための同盟強化」、グローバルな対テロ戦争における米国の挫折に対しては「国際社会の平和」の名の下に、文字どおり「血を流して」支えることを可能にするものとなっている。

(2) ブーツ・オン・ザ・グラウンドから「血の同盟」へ

冷戦終結後、日本は、憲法解釈の許容する範囲の中でＰＫＯに自衛隊を派遣するとともに、北朝鮮の核・ミサイル開発を契機として「周辺事態」における米軍の支援を法制化した（いわゆる「周辺事態法」）。その際、憲法との整合性をつなぐ論理として、前者にあっては、停戦合意、受入れ同意、中立性の維持と、これらの条件が満たされなくなった場合の活動の中断・終了に加え、武器使用を隊員の身体・生命の防護に必要な場合に限定する、いわゆる「ＰＫＯ五原則」が、後者にあっては、自衛隊による後方支援活動を米軍の武力行使と地理的に隔離することを中核的概念とする「後方地域支援」（後の法律における「非戦闘地域」）の概念が、それぞれ導入された。

二〇〇一年の米国における9・11テロを契機に、米国がアフガニスタンに侵攻し、さらにイラクに侵攻する「対テロ戦争」の時代を迎え、日米同盟は、世界的な対テロ戦争における対米協力を主要な目標とするようになる。日本は、二〇〇一年にはいわゆる「テロ特措法」を制定してインド洋における給油活動を行い、二〇〇三年にはいわゆる「イラク復興支援特措法」を制定し、翌年、自衛隊をイラクに派遣する。日本は、インド洋に自衛隊を派遣し“show the flag”（対テロ戦争において米国の側にいることを示す）を実現するとともに、イラクへの自衛隊派遣によって“boots on the ground”（同じ戦場に軍靴を並べる）を実践し、日米は“better than ever”（かつてなく良好な関係）と評価されることとなった。

一方、イラクからの撤退を公約に掲げたオバマ政権の誕生とともに、米国が武力によって「悪の枢軸」である政権を打倒し、日本が後方支援や戦後復興で協力する“boots on the ground”の同盟モデルは、継続が困難となった。

米国が対テロ戦争の泥沼にはまっている間に、中国の台頭が顕著となってくる。米国は、対テロ戦争の長期化による国民の厭戦気分と膨張した財政赤字の下で、アジアにおける軍事的優位の確保を新たな戦略目標に掲げ、同盟国の一層の負担を求めるようになる。同時に、「平定した」はずのイラクが「イスラム国（ＩＳ）」を名乗る集団の脅威にさらされ、その脅威が中東・アフリカに拡大するという新たなテロリストグループの攻勢の時代を迎えることとなった。

こうした戦略的環境変化の中で、安倍政権は、集団的自衛権行使容認と地球規模の軍事的支援を中核とする新たな「ガイドライン」を策定し、その実施のための法制を一気に実現しようとしている。それは、アジアにおける対中国軍事バランスの確保とグローバルな対テロ戦争への限定的介入という米国の戦略に無定量に奉仕する新たな「血の同盟」モデルというべきものである。

今回の安保関連法案に対する日本の安全保障戦略の観点からの評価は、本稿の主題ではないが、結論だけ述べるとすれば、筆者は、次の理由で否定的に評価している。

第一に、主導する米国の方針が定まらない中では日本の果たすべき役割が定義できないため、具体的政策の指針であるべき戦略の機能を果たせない。第二に日本防衛とアジア地域の防衛に加えグローバルな米国支援を同時に果たすことは自衛隊の能力（capacity）を超え、継続不可能なものである。また、第三に、七〇年間の非戦体験という日本の主体的条件を無視し、日本にとって最も不得手な手段である軍事に偏重している意味において、国情に合わないものである。

こうした「戦略」として内在する欠陥が、今回の法案に対する合理的説明を不可能にし、国民の理解を得られないものにしている。そこには当然、憲法との矛盾も含まれる。

2　新海外派遣法制で何が変わるか？

(1)　多国籍軍支援のための新法——国際平和支援法

今回の安保関連法案の中で、自衛隊の海外派遣に関するものとしては、米軍支援のための「重要影響事態安全確保法」→資料52頁のほか、国際秩序維持を名目とした「国際平和支援法」→資料100頁と「国際平和協力法」→資料30頁（いわゆる「ＰＫＯ法」）がある。

このうち、「国際平和支援法」は、従来「恒久法」と呼ばれていたもので、これまでインド洋における給油や「イラク復興支援特措法」による多国籍軍への輸送支援のように個別の「時限法」によって行ってきた後方支援活動を、その都度の立法によらずに、派遣の閣議決定と国会承認によって行えるようにするものである。そのため、改正すべき元の法律が存在しないため、唯一の新規立法とせざるをえなかったものだ。

この法案の問題点は、自衛隊の派遣枠組みの恒久化という点だけではなく、その要件、活動内容が従来の「テロ特措法」「イラク復興支援特措法」と全く異なっている点にある。

①　自衛隊派遣の要件——国連安保理の武力行使容認がなくても

まず、派遣の要件について見ていこう。

法案は、「国際社会の平和及び安全を脅かす事態であって、その脅威を除去するために国際社会が……共同して対処する活動を行い、かつ、我が国が国際社会の一員としてこれに主体的かつ積極的に寄与する必要があるもの（国際平和共同対処事態」に際し、当該活動を行う諸外国の軍隊等に対する協力支援活動等を行うことにより、国際社会の平和及び安全の確保に資する」ことを目的としている（一条）。→資料100頁

この規定では、国際社会の平和、安全を脅かす事態をだれがどのように認定し、諸外国の軍隊がいかなる対処活動を行うのか、あるいは、それに対して我が国が積極的に寄与すべきか否かの判断基準は何かなど、基本的な判断基準の曖昧さが見て取れる。

そこで、法案は、支援対象となる「諸外国の軍隊等」の定義において、国連安全保障理事会（以下「国連安保理」という）の決議において当該外国による武力行使を「決定し、要請し、勧告し、又は認める」場合のほかに、「当該事態が平和に対する脅威又は平和の破壊であるとの認識を示すとともに、加盟国の取組を求める」場合をあげている（三条→資料101頁一項一号参照）（傍点筆者）。

注目すべきは、国連安保理が武力行使を明示的に容認していない場合でも、諸外国がこれに対処するための活動として武力行使を行う場合を除外していないことだ。

例えば、9・11テロを受けた国連安保理決議一三六八は、9・11テロが国際社会の脅威であると認め、自衛権の存在を認定するとともに、あらゆる手段を使ってテロと闘う決意を表明しているが、国連安保理として武力行使を「決定・要請・勧告」したものではない。また、イラクの大量破壊兵器に関する国連安保理決議一四四一は、イラクの再三にわたる義務違反を非難し、大量破壊兵器に関する完全な報告を求めるとともに、違反が重大な結果を招くことを警告したが、武力行使には新たな決議が必要であるとするのが国連安保理の理事国の大勢であった。

今回のこの法案では、こうしたケースにおける「諸外国の活動」について支援をすることが可能になる。ちなみに、いわゆる「イスラム国」を攻撃する国への支援について、安倍首相は、五月二八日の衆議院我が国及び国際社会の平和安全法制に関する特別委員会において、「政策判断として実施しない」旨の答弁をしている。

イスラム国については、その行動を非難し、制裁を強化する国連安保理決議はあるが、武力行使を容認する決議はない。首相の答弁は、その場合でも、いわゆる有志連合軍に対する支援は政策の問題であり、法律上できないわけではない、ということだ。

すなわち、この法案が成立すれば、「湾岸戦争やイラク戦争に参戦することはない」という累次の政府答弁にもかかわらず、多国籍軍に後方支援部隊を派遣することが可能になる。同時に、この法案によれば、後方支援も武力行使と同等なものに変化することになる。

② 自衛隊の活動と武力行使

次に、自衛隊の活動内容の変化である。周辺事態法や従来の各特措法では、自衛隊の活動地域は「非戦闘地域」に限定されていた。しかしこの法案では、「現に戦闘行為……が行われている現場」以外となり（二条三項→資料101頁）、提供する物品・役務についても、除外されていた弾薬提供や発進準備中の航空機に対する給油が可能となる（別表第一、同第二→資料108頁・109頁*）。

＊ テロ特措法においては、物品・役務提供の内容を定めた別表の備考欄において、弾薬の提供と陸上輸送、発進準備中の航空機への給油を除外していた。イラク復興支援特措法においては、八条において弾薬輸送等を除外していた。

③ 活動地域の拡大——戦闘現場への接近

非戦闘地域（周辺事態法における「後方地域」と同じ）は、「現に戦闘行為……が行われておらず、かつ、そこで実施される〔自衛隊の〕活動の期間を通じて戦闘行為が行われることがないと認められる」地域とされていた。これは、後方支援が戦闘を支える兵站活動の一環ともなりうることから、自衛隊が行う活動が他国による武力行使と一体化することによって憲法の禁止する武力行使となることのないよう、他国軍隊が行う戦闘行為の場所から十分な距離を取ることを念頭に置いたものである。

一方、イラクのような陸上における活動の場合、武装集団の移動が容易であり、武装勢力が住民と混在している可能性もあった。加えて、陸上自衛隊が活動していたサマーワにおいても、市街地での銃撃戦や宿営地への着弾事案があり、航空自衛隊が輸送先にしたバグダッド空港においても、航空機に対する小型ミサイルの脅威や空港敷地内への着弾事案があったことから、自衛隊の活動の場所が非戦闘地域であるのかどうかについて、国会でも度々議論があった。

この法案が「非戦闘地域」の縛りを撤廃し、「戦闘現場以外」を活動可能な地域と規定することにした背景には、こうした「認定のわずらわしさ」を回避し、自衛隊派遣を確実なものとしたい思惑があるのだろう。だが、この要件変更は、客観的には、自衛隊の活動地域を従来よりも戦闘の現場に限りなく近接させる意味を持つのであり、弾薬の輸送・提供も可能となる物品・役務の範囲拡大と相まって、他国軍隊による武力行使の不可欠の一部となる可能性を孕んでいる。

かかる兵站活動が敵の攻撃目標となりうることは、本書に掲載された青井論文が指摘している。中谷元・防衛大臣は、実際の活動は敵による攻撃の危険がないところで行われる旨答弁しているが、そうであれば、非戦闘地域概念を変更する必要性があったのかどうかが問われなければならない。

④　戦闘行為の定義

ところで、非戦闘地域または戦闘現場という場合の「戦闘行為」は、従来の法律においても今回のこの法案（→資料101頁）（二条三項）においても、「国際的な武力紛争の一環として行われる人を殺傷し又は物を破壊する行為」と定義されている。これは、憲法九条一項が「国際紛争を解決する手段」としての武力行使を禁止していることを受け、自衛隊の活動がこうした戦闘行為と一体化して、日本の武力行使と評価されないことを導き出すためのロジックである。

したがって、国際紛争と認識される紛争における戦闘行為と一体化すると評価されるような活動については、自衛隊がなしえないものの、それ以外の「殺傷・破壊」行為の場合については、論理的には自衛隊の活動が一体化することを排除されるものではない。端的に言えば、国家間の紛争は当然として、相手が政府の樹立を目指す内戦の当事者であるような場合の戦闘は「国際紛争の一環」となりうるが、相手が「犯罪者集団」である場合には、これには該当せず、自衛隊の活動は否定されないこととなる。

イスラム国との関係においても、これと戦う軍隊を支援できるか否か、あるいは、自衛隊自身がこれとの戦闘に従事できるか否かは、政府の憲法解釈の論理からいえば、イスラム国を「国に準じる主体」と認定するか、犯罪集団にすぎないと認定するかにかかっており、政府がこれを正当な政治主体ではなくテロリスト集団と認定している以上、イスラム国との戦闘への支援について憲法上の問題はないことにならざるをえない。

すなわち、イスラム国との関係では、自衛隊の活動範囲を非戦闘地域に限定したとしても、実質的な「歯止め」の役割は果たせないことに留意する必要がある。

自衛隊のイラク派遣当時においても、米国が掃討作戦を行っている武装勢力が「国に準じる主体」かどうかという議論はあった。宿営地に攻撃があったとしても、攻撃してくる相手が「国に準じる主体」でなければ、法律上の非戦闘地域要件を逸脱することにはならない。他方、その論理を貫けば、自衛隊が武装勢力との戦闘が予想される地域で活動したとしても、憲法上の問題は生じないことになる。

したがって、安倍首相が度々表明している「湾岸戦争、イラク戦争には参加しない」という見解、さらに「イスラム国との戦闘への支援は政策として行わない」という発言は、湾岸、イラク両戦争が国という主体を相手にした戦争である一方、イスラム国が国に準じる主体ではないという点に着目すれば、従来の政府の見解の延長線上にあるものといえる（それでも、戦闘現場以外での弾薬輸送に至る兵站部隊の派遣はできることは、先に述べたとおりである）。

総じていえば、今日の国際情勢の下でこの法案が提出されたことの意味は、政府の主観的な意図はともかく、イスラム国との戦闘を支援するニーズの発生に「切れ目なく」備えること以外に見出し難いのである。そうであるなら、それをあらかじめ恒久法化しておくことと、現実の要請があった場合に特別法によって対応することとの利害得失が論じられなければならないだろう。

⑤　一体化論をめぐって

政府は、国連協力以外の文脈で自衛隊を海外に派遣するにあたって、「国または国に準じる主体」との戦闘及びそれとの関わりを、憲法の禁止事項である「国際紛争における武力行使」のメルクマールとして、他国が行う武力行使との一体化を避けることにより、憲法との矛盾が生じることを回避してきた。

これに対して、憲法が禁じる国際紛争における武力行使とは、日本自身を当事者とする国際紛争であり、国連が主導して行う紛争の停止・予防のための措置に関与することまで禁じられていないという趣旨の批判があった。また、武力行使との一体化という概念は国際的には存在しない日本独自のものであり、これに拘泥して自衛隊の活動範囲を制約することは、世界に通用しない、という批判もあった。

この論旨は、安倍首相の私的諮問機関である「安全保障の法的基盤の再構築に関する懇談会」が昨年五月に提出した報告書にも示されている。だが、政府は、同報告書のこの主張を採用せず、自衛隊の海外活動が憲法に適合するための基準としての「一体化論」を継承する立場をとった。

「一体化論」は、周辺事態法に始まり、テロ特措法、イラク復興支援特措法にも受け継がれ、今回のこの法案にも受け継がれている。こうして、「一体化論」は、集団的自衛権の不行使と並び、自衛隊の海外活動における合憲性の基準としての役割を果たしてきた一面がある。しかし、周辺事態法のように、周辺の国を対象に武力行使を行う米軍に対して、日本国内と日本周辺の公海における支援を行うことを想定した場合と異なり、特にイラク復興支援特措法のように活動場所が陸上であるだけでなく、戦闘の相手が国または国に準じる主体とはいえない状況では、実態的にも論理的にも、明確な歯止めの機能を持ちえなくなったことも事実である。

だからといって、憲法解釈を変更すべきだという結論に安易に至るわけではない。同じ悩みは、国際社会も共有している。国連憲章は、国連に加盟する国家間の紛争を念頭に置いたものであるため、非国家主体との戦いについての基準とはならない。問題の本質はここにあるのであって、「テロとの戦い」において米国が交渉相手と認めれば「国に準じる主体」となり、制圧の対象と認めればそうならないという状況の下で、日本自身の基本戦略が問われているのである。

(2) 国際平和協力法の改正

国際秩序維持の文脈におけるもう一つの法案が「国際平和協力法」（いわゆるＰＫＯ法）の改正である。これは、前記「国際平和支援法」と異なり、武力行使を行う多国籍軍への支援ではなく、本格的な戦闘が終了した後における治安維持に、自衛隊が主役として参加するための法案である。

① 活動内容と武器使用の拡大

法案は、次の三点において、従来のＰＫＯを大きく踏み越えるものとなっている。

第一に、国連が統括するＰＫＯだけでなく、国連が統括しない多国間で行われる秩序維持活動（「国際連携平和安全活動」）への参加を想定している。これには、国連安保理決議等に基づくものだけでなく、活動が行われる国が要請し、これを国連憲章七条に規定するいずれかの機関が支持したものも含まれている→資料33頁（改正案三条二号）。

第二に、従来のＰＫＯの典型的活動である停戦成立後の停戦維持を目的にするものだけでなく、「紛争による混乱に伴う切迫した暴力の脅威からの住民の保護」を目的とする活動→資料32頁・33頁（改正案三条一号・二号）が追加されている。

第三に、自衛隊の任務と任務に伴う武器使用権限が大幅に拡大されている。

拡大される自衛隊の任務には、住民や被災民保護や特定地域の保安のための「監視、駐留、巡回、検問及び警護」→資料35頁（改正案三条五号ト・いわゆる治安維持）、国の防衛に関する組織の設立または再建を援助するための「助言又は指導」

「教育訓練」→資料35頁（同号ヲ・いわゆる国軍建設に対する支援）、ＰＫＯ活動等を「統括し、又は調整する組織において行う……企画及び立案並びに調整又は情報の収集整理」→資料35頁（同号ネ・いわゆる司令部業務）、「緊急の要請に対応して行う活動関係者の生命及び身体の保護」→資料35頁（同号ラ・いわゆる「駆けつけ警護」）などが含まれている。

このうち、前記五号ト、ラは、それぞれ、任務遂行に必要な武器の使用が予定されている→資料48頁（改正案二六条）ほか、外国の軍隊と共用する宿営地を防護するための武器使用が認められている→資料47頁（同二五条七項）。

②　治安維持への参入がもたらすもの

この法案の本質を一言でいえば、ＰＫＯにおいて直接の治安維持に関わる業務を行うことがなかった自衛隊が、こうした武器使用を前提とした業務にあたることになるものである。加えて、ＰＫＯ以外の、国連が統括しない「国際連携平和安全活動」という名の多国籍軍の占領統治においてもかかる業務を可能にすることになる。

これによって、一九九二年以来積み重ねられてきた「武器を使わない海外派遣」は、「武器使用を前提とする海外派遣」に、大きく変貌することになる。

従来のＰＫＯ五原則においては、自衛隊が海外において、国際紛争（または内戦）に該当する戦闘に巻き込まれないための「歯止め」として、紛争当事者による停戦合意及びＰＫＯ活動の受入れ同意をあげていた。

今回のこの法案は、停戦合意などと並列の要件として、新たに「紛争当事者が存在しなくなった場合」をあげている→資料32頁・33頁（同三条一号ロ・二号ロ）。活動地域において紛争当事者が不存在であれば、治安維持は、窃盗の防止など行政警察的な役割にとどまり、軍隊が行うべき業務ではない。だが、法案では、「武装した集団の不存在」とはいっていない。

近年のＰＫＯにおいては、停戦に応じる主要な紛争当事者ではなく、停戦に応じず、したがって国連が交渉相手と認定できず、現地政府に敵対する武装勢力からの住民保護を重視する傾向にあるといわれている。自衛隊イラク派遣の当時も、イラクのアルカイダを称するグループなど、「国に準じる主体」とは認定されない武装勢力の掃討が優先課題となっていた。

こうした現状に照らせば、停戦合意があった場合でも、紛争当事者が不在の場合でも、住民の保護や駆けつけ警護が必要とされる場合には、武装勢力との事実上の戦闘がありうることを想定しないわけにはいかない。

なお、近い将来、国連統括外の「国際連携平和安全活動」がありうるとすれば、本年末の米軍の完全撤退を控え、米国およびカブール政府とタリバン穏健派と呼ばれるグループとの間で和平交渉が進められているアフガニスタンが予想される。タリバン勢力の中には、和平を拒否するグループも存在するため、仮に形式的にタリバンを代表する者との間で和平（停戦）合意ができた場合には、「紛争当事者間の停戦合意」はあるが、これを不満とする武装勢力が存在する状況となる。そして、その状況こそ、自衛隊の業務と武器使用権限を大きく拡大するこの法案が適用されるにふさわしいものとなるはずである。

検証・安保法案
――どこが憲法違反か

2015年8月30日　初版第1刷発行

編　　者　長谷部恭男

発行者　江草貞治

発行所　株式会社　有斐閣

郵便番号 101-0051
東京都千代田区神田神保町2-17
電話（03）3264-1311〔編集〕
（03）3265-6811〔営業〕
http://www.yuhikaku.co.jp/

印刷・製本／株式会社暁印刷

ISBN 978-4-641-13192-7

我が国及び国際社会の平和及び安全の確保に資するための自衛隊法等の一部を改正する法律案

（第189回閣72）（概要）

【法案提出理由】

我が国を取り巻く安全保障環境の変化を踏まえ，我が国と密接な関係にある他国に対する武力攻撃が発生し，これにより我が国の存立が脅かされ，国民の生命，自由及び幸福追求の権利が根底から覆される明白な危険がある事態に際して実施する防衛出動その他の対処措置，我が国の平和及び安全に重要な影響を与える事態に際して実施する合衆国軍隊等に対する後方支援活動等，国際連携平和安全活動のために実施する国際平和協力業務その他の我が国及び国際社会の平和及び安全の確保に資するために我が国が実施する措置について定める必要がある。これが，この法律案を提出する理由である。

1　法案の概要

法案は本則1条～10条，附則3条～9条・11条・12条において，法律の一部を改正する。法案条数と被改正法律の対応関係は以下の通りである。

《本則》

① 1条：自衛隊法（昭和29年法律第165号）

② 2条：国際連合平和維持活動等に対する協力に関する法律（平成4年法律第79号）

③ 3条：周辺事態に際して我が国の平和及び安全を確保するための措置に関する法律（平成11年法律第60号）

④ 4条：周辺事態に際して実施する船舶検査活動に関する法律（平成12年法律第145号）

⑤ 5条：武力攻撃事態等における我が国の平和と独立並びに国及び国民の安全の確保に関する法律（平成15年法律第79号）

⑥ 6条：武力攻撃事態等におけるアメリカ合衆国の軍隊の行動に伴い我が国が実施する措置に関する法律（平成16年法律第113号）

⑦ 7条：武力攻撃事態等における特定公共施設等の利用に関する法律（平成16年法律第114号）

⑧ 8条：武力攻撃事態における外国軍用品等の海上輸送の規制に関する法律（平成16年法律第116号）

⑨　9条：武力攻撃事態における捕虜等の取扱いに関する法律（平成16年法律第117号）
⑩　10条：国家安全保障会議設置法（昭和61年法律第71号）

《附則》
⑪　3条：道路交通法（昭和35年法律第105号）
⑫　4条：国際機関等に派遣される防衛省の職員の処遇等に関する法律（平成7年法律第122号）
⑬　5条：武力攻撃事態等における国民の保護のための措置に関する法律（平成16年法律第112号）
⑭　6条：武力紛争の際の文化財の保護に関する法律（平成19年法律第32号）
⑮　6条：原子力規制委員会設置法（平成24年法律第47号）
⑯　7条：行政不服審査法の施行に伴う関係法律の整備等に関する法律（平成26年法律第69号）
⑰　8条：サイバーセキュリティ基本法（平成26年法律第104号）
⑱　9条：防衛省設置法（昭和29年法律第164号）
⑲　11条：内閣府設置法（平成11年法律第89号）
⑳　12条：復興庁設置法（平成23年法律第125号）

なお，法案は施行期日を「〔この法律の〕公布の日から起算して6月を超えない範囲内において政令で定める日」（附則1条）と規定している。

2　本書への収録

「資料」として，法案本則が改正を予定する被改正法律（上記①～⑩）を抄録した。収録に際し，現行条文に続けて改正案を太字で併記し，変更箇所は下線で明示した。また，法案による改正が予定されていない現行条文についても，その重要性などから適宜収録した。なお，改正案中，現行条文から変更のない文言について一部略している。当該箇所については併記した現行条文等でご確認いただきたい。

①　自衛隊法

（昭和 29・6・9 法 165）（抄・法案 1 条関係）

（この法律の目的）

第 1 条

この法律は，自衛隊の任務，自衛隊の部隊の組織及び編成，自衛隊の行動及び権限，隊員の身分取扱等を定めることを目的とする。

（定義）

第 2 条

①　この法律において「自衛隊」とは，防衛大臣，防衛副大臣，防衛大臣政務官，防衛大臣補佐官，防衛大臣政策参与及び防衛大臣秘書官並びに防衛省の事務次官及び防衛審議官並びに防衛省の内部部局，防衛大学校，防衛医科大学校，防衛会議，統合幕僚監部，情報本部，技術研究本部，装備施設本部，防衛監察本部，地方防衛局その他の機関（政令で定める合議制の機関並びに防衛省設置法（昭和 29 年法律第 164 号）第 4 条第二十四号又は第二十五号に掲げる事務をつかさどる部局及び職で政令で定めるものを除く。）並びに陸上自衛隊，海上自衛隊及び航空自衛隊を含むものとする。

②〜④　（略）

⑤　この法律（第 94 条の 6 第三号を除く。）において「隊員」とは，防衛省の職員で，防衛大臣，防衛副大臣，防衛大臣政務官，防衛大臣補佐官，防衛大臣政策参与，防衛大臣秘書官，第 1 項の政令で定める合議制の機関の委員，同項の政令で定める部局に勤務する職員及び同項の政令で定める職にある職員以外のものをいうものとする。

⑤　この法律（第 94 条の 7 第三号を除く。）において「隊員」とは，防衛省の職員で，防衛大臣（中略）**以外のものをいうものとする。**

（自衛隊の任務）

第 3 条

①　自衛隊は，我が国の平和と独立を守り，国の安全を保つため，直接侵略及び間接侵略に対し我が国を防衛することを主たる任務とし，必要に応じ，公共の秩序の維持に当たるものとする。

①　自衛隊は，（中略）**国の安全を保つため，我が国を防衛することを主たる任務と**（中略）**する。**

②　自衛隊は，前項に規定するもののほか，同項の主たる任務の遂行に支障を生じない限度において，かつ，武力による威嚇又は武力の行使に当たらない範囲において，次に掲げる活動であつて，別に法律で定めるところにより自衛隊が実施することとされるものを行うことを任務とする。

一　我が国周辺の地域における我が国の平和及び安全に重要な影響を与える事態に対応して行う我が国の平和及び安全の確保に資する活動

一　我が国の平和及び安全に重要な影響を与える事態に対応して行う我が国の平和及び安全の確保に資する活動

二　（略）

③　（略）

（内閣総理大臣の指揮監督権）

第７条

内閣総理大臣は，内閣を代表して自衛隊の最高の指揮監督権を有する。

（特別の部隊の編成）

第22条

①　（略）

②　防衛大臣は，第77条の４の規定による国民保護等派遣，第82条の規定による海上における警備行動，第82条の２の規定による海賊対処行動，第82条の３第１項の規定による弾道ミサイル等に対する破壊措置，第83条第２項の規定による災害派遣，第83条の２の規定による地震防災派遣，第83条の３の規定による原子力災害派遣，訓練その他の事由により必要がある場合には，特別の部隊を臨時に編成し，又は所要の部隊をその隷属する指揮官以外の指揮官の一部指揮下に置くことができる。

②　防衛大臣は，（中略）第83条の３の規定による原子力災害派遣，第84条の３第１項の規定による保護措置，訓練その他の事由により必要がある場合には，特別の部隊を臨時に編成し，又は所要の部隊をその隷属する指揮官以外の指揮官の一部指揮下に置くことができる。

③　（略）

（捕虜収容所）

第29条の２

①　捕虜収容所においては，武力攻撃事態における捕虜等の取扱いに関する法律（平成16年法律第117号）の規定による捕虜等の抑留及び送還のほか，防衛大臣の定める事務を行う。

①　捕虜収容所においては，武力攻撃事態及び存立危機事態における捕虜等の取扱いに関する法律（中略）の規定による捕虜等の抑留及び送還のほか，防衛大臣の定める事務を行う。

②・③　（略）

（団体の結成等の禁止）

第64条

①　隊員は，勤務条件等に関し使用者たる国の利益を代表する者と交渉するための組

合その他の団体を結成し，又はこれに加入してはならない。
② 隊員は，同盟罷業，怠業その他の争議行為をし，又は政府の活動能率を低下させる怠業的行為をしてはならない。
③・④ （略）
（防衛出動）
第76条
① 内閣総理大臣は，我が国に対する外部からの武力攻撃（以下「武力攻撃」という。）が発生した事態又は武力攻撃が発生する明白な危険が切迫していると認められるに至つた事態に際して，我が国を防衛するため必要があると認める場合には，自衛隊の全部又は一部の出動を命ずることができる。この場合においては，武力攻撃事態等における我が国の平和と独立並びに国及び国民の安全の確保に関する法律（平成15年法律第79号）第9条の定めるところにより，国会の承認を得なければならない。

① 内閣総理大臣は，次に掲げる事態に際して，我が国を防衛するため必要があると認める場合には，自衛隊の全部又は一部の出動を命ずることができる。この場合においては，武力攻撃事態等及び存立危機事態における我が国の平和と独立並びに国及び国民の安全の確保に関する法律（中略）第9条の定めるところにより，国会の承認を得なければならない。

【新設】

一 我が国に対する外部からの武力攻撃が発生した事態又は我が国に対する外部からの武力攻撃が発生する明白な危険が切迫していると認められるに至つた事態

【新設】

二 我が国と密接な関係にある他国に対する武力攻撃が発生し，これにより我が国の存立が脅かされ，国民の生命，自由及び幸福追求の権利が根底から覆される明白な危険がある事態

② 内閣総理大臣は，出動の必要がなくなつたときは，直ちに，自衛隊の撤収を命じなければならない。
（防御施設構築の措置）
第77条の2
防衛大臣は，事態が緊迫し，第76条第1項の規定による防衛出動命令が発せられることが予測される場合において，同項の規定により出動を命ぜられた自衛隊の部隊を展開させることが見込まれ，かつ，防備をあらかじめ強化しておく必要があると認める地域（以下「展開予定地域」という。）があるときは，内閣総理大臣の承認を得た上，その範囲を定めて，自衛隊の部隊等に当該展開予定地域内において陣地その他の防御のための施設（以下「防御施設」という。）を構築する措置を命ずることがで

きる。

防衛大臣は，事態が緊迫し，第76条第1項（第一号に係る部分に限る。以下この条において同じ。）の規定による防衛出動命令が発せられることが予測される場合において，（中略）**展開予定地域内において陣地その他の防御のための施設**（中略）**を構築する措置を命ずることができる。**

（防衛出動下令前の行動関連措置）

第77条の3

① 防衛大臣又はその委任を受けた者は，事態が緊迫し，第76条第1項の規定による防衛出動命令が発せられることが予測される場合において，武力攻撃事態等におけるアメリカ合衆国の軍隊の行動に伴い我が国が実施する措置に関する法律（平成16年法律第113号）の定めるところにより，行動関連措置としての物品の提供を実施することができる。

① 防衛大臣又はその委任を受けた者は，（中略）**武力攻撃事態等及び存立危機事態におけるアメリカ合衆国等の軍隊の行動に伴い我が国が実施する措置に関する法律**（中略）**の定めるところにより，行動関連措置としての物品の提供を実施することができる。**

② 防衛大臣は，前項に規定する場合において，武力攻撃事態等におけるアメリカ合衆国の軍隊の行動に伴い我が国が実施する措置に関する法律の定めるところにより，防衛省の機関及び部隊等に行動関連措置としての役務の提供を行わせることができる。

② 防衛大臣は，（中略）**武力攻撃事態等及び存立危機事態におけるアメリカ合衆国等の軍隊の行動に伴い我が国が実施する措置に関する法律の定めるところにより，**（中略）**役務の提供を行わせることができる。**

（国民保護等派遣）

第77条の4

① 防衛大臣は，都道府県知事から武力攻撃事態等における国民の保護のための措置に関する法律第15条第1項の規定による要請を受けた場合において事態やむを得ないと認めるとき，又は武力攻撃事態等対策本部長から同条第2項の規定による求めがあつたときは，内閣総理大臣の承認を得て，当該要請又は求めに係る国民の保護のための措置を実施するため，部隊等を派遣することができる。

① 防衛大臣は，都道府県知事から（中略）**要請を受けた場合において事態やむを得ないと認めるとき，又は事態対策本部長から**（中略）**求めがあつたときは**（中略）**部隊等を派遣することができる。**

② （略）

（海上保安庁の統制）

第80条

① 内閣総理大臣は，第76条第1項又は第78条第1項の規定による自衛隊の全部又は一部に対する出動命令があつた場合において，特別の必要があると認めるときは，海上保安庁の全部又は一部を防衛大臣の統制下に入れることができる。

① 内閣総理大臣は，第76条第1項（第一号に係る部分に限る。）又は第78条第1項の規定による自衛隊の全部又は一部に対する出動命令があつた場合において，特別の必要があると認めるときは，海上保安庁の全部又は一部を防衛大臣の統制下に入れることができる。

②・③ （略）

（弾道ミサイル等に対する破壊措置）

第82条の3

① 防衛大臣は，弾道ミサイル等（弾道ミサイルその他その落下により人命又は財産に対する重大な被害が生じると認められる物体であつて航空機以外のものをいう。以下同じ。）が我が国に飛来するおそれがあり，その落下による我が国領域における人命又は財産に対する被害を防止するため必要があると認めるときは，内閣総理大臣の承認を得て，自衛隊の部隊に対し，我が国に向けて現に飛来する弾道ミサイル等を我が国領域又は公海（海洋法に関する国際連合条約に規定する排他的経済水域を含む。）の上空において破壊する措置をとるべき旨を命ずることができる。

② 防衛大臣は，前項に規定するおそれがなくなつたと認めるときは，内閣総理大臣の承認を得て，速やかに，同項の命令を解除しなければならない。

③ 防衛大臣は，第1項の場合のほか，事態が急変し同項の内閣総理大臣の承認を得るいとまがなく我が国に向けて弾道ミサイル等が飛来する緊急の場合における我が国領域における人命又は財産に対する被害を防止するため，防衛大臣が作成し，内閣総理大臣の承認を受けた緊急対処要領に従い，あらかじめ，自衛隊の部隊に対し，同項の命令をすることができる。この場合において，防衛大臣は，その命令に係る措置をとるべき期間を定めるものとする。

④・⑤ （略）

（機雷等の除去）

第84条の2

海上自衛隊は，防衛大臣の命を受け，海上における機雷その他の爆発性の危険物の除去及びこれらの処理を行うものとする。

【新設】

（在外邦人等の保護措置）

第84条の3

① 防衛大臣は，外務大臣から外国における緊急事態に際して生命又は身体に危害が加えられるおそれがある邦人の警護，救出その他の当該邦人の生命又は

身体の保護のための措置（輸送を含む。以下「保護措置」という。）を行うことの依頼があつた場合において，外務大臣と協議し，次の各号のいずれにも該当すると認めるときは，内閣総理大臣の承認を得て，部隊等に当該保護措置を行わせることができる。

一　当該外国の領域の当該保護措置を行う場所において，当該外国の権限ある当局が現に公共の安全と秩序の維持に当たつており，かつ，戦闘行為（国際的な武力紛争の一環として行われる人を殺傷し又は物を破壊する行為をいう。第95条の2第1項において同じ。）が行われることがないと認められること。

二　自衛隊が当該保護措置（武器の使用を含む。）を行うことについて，当該外国（国際連合の総会又は安全保障理事会の決議に従つて当該外国において施政を行う機関がある場合にあつては，当該機関）の同意があること。

三　予想される危険に対応して当該保護措置をできる限り円滑かつ安全に行うための部隊等と第一号に規定する当該外国の権限ある当局との間の連携及び協力が確保されると見込まれること。

②　内閣総理大臣は，前項の規定による外務大臣と防衛大臣の協議の結果を踏まえて，同項各号のいずれにも該当すると認める場合に限り，同項の承認をするものとする。

③　防衛大臣は，第1項の規定により保護措置を行わせる場合において，外務大臣から同項の緊急事態に際して生命又は身体に危害が加えられるおそれがある外国人として保護することを依頼された者その他の当該保護措置と併せて保護を行うことが適当と認められる者（第94条の5第1項において「その他の保護対象者」という。）の生命又は身体の保護のための措置を部隊等に行わせることができる。

（在外邦人等の輸送）

第84条の3

第84条の4

①・②　（略）

③　第1項の輸送は，前項に規定する航空機又は船舶のほか，特に必要があると認められるときは，当該輸送に適する車両（当該輸送のために借り受けて使用するものを含む。第94条の5において同じ。）により行うことができる。

③　第1項の輸送は，（中略）当該輸送に適する車両（（中略）第94条の6において同じ。）により行うことができる。

（後方地域支援等）

（後方支援活動等）

第84条の4

第84条の5

① 防衛大臣又はその委任を受けた者は，第3条第2項に規定する活動として，周辺事態に際して我が国の平和及び安全を確保するための措置に関する法律（平成11年法律第60号）又は周辺事態に際して実施する船舶検査活動に関する法律（平成12年法律第145号）の定めるところにより，後方地域支援としての物品の提供を実施することができる。

① 防衛大臣又はその委任を受けた者は，第3条第2項に規定する活動として，次の各号に掲げる法律の定めるところにより，それぞれ，当該各号に定める活動を実施することができる。

【新設】

一 重要影響事態に際して我が国の平和及び安全を確保するための措置に関する法律（平成11年法律第60号） 後方支援活動としての物品の提供

【新設】

二 重要影響事態等に際して実施する船舶検査活動に関する法律（平成12年法律第145号） 後方支援活動又は協力支援活動としての物品の提供

【新設】

三 国際連合平和維持活動等に対する協力に関する法律（平成4年法律第79号） 大規模な災害に対処するアメリカ合衆国又はオーストラリアの軍隊に対する物品の提供

【新設】

四 国際平和共同対処事態に際して我が国が実施する諸外国の軍隊等に対する協力支援活動等に関する法律（平成27年法律第　　号） 協力支援活動としての物品の提供

② 防衛大臣は，第3条第2項に規定する活動として，次の各号に掲げる法律の定めるところにより，それぞれ，当該各号に定める活動を行わせることができる。

一 周辺事態に際して我が国の平和及び安全を確保するための措置に関する法律 防衛省の機関又は部隊等による後方地域支援としての役務の提供及び部隊等による後方地域捜索救助活動

一 重要影響事態に際して我が国の平和及び安全を確保するための措置に関する法律 （中略） **後方支援活動としての役務の提供及び部隊等による捜索救助活動**

二 周辺事態に際して実施する船舶検査活動に関する法律 部隊等による船舶検査活動及びその実施に伴う後方地域支援としての役務の提供

二 重要影響事態等に際して実施する船舶検査活動に関する法律 （中略） **後方支援活動又は協力支援活動としての役務の提供**

三　（略）

四　国際連合平和維持活動等に対する協力に関する法律（平成4年法律第79号）　部隊等による国際平和協力業務及び委託に基づく輸送

四　（前略）　部隊等による国際平和協力業務，委託に基づく輸送及び大規模な災害に対処するアメリカ合衆国又はオーストラリアの軍隊に対する役務の提供

【新設】

五　国際平和共同対処事態に際して我が国が実施する諸外国の軍隊等に対する協力支援活動等に関する法律　部隊等による協力支援活動としての役務の提供及び部隊等による捜索救助活動

（防衛出動時の武力行使）

第88条

①　第76条第1項の規定により出動を命ぜられた自衛隊は，わが国を防衛するため，必要な武力を行使することができる。

②　前項の武力行使に際しては，国際の法規及び慣例によるべき場合にあつてはこれを遵守し，かつ，事態に応じ合理的に必要と判断される限度をこえてはならないものとする。

（防衛出動時の公共の秩序の維持のための権限）

第92条

①　第76条第1項の規定により出動を命ぜられた自衛隊は，第88条の規定により武力を行使するほか，必要に応じ，公共の秩序を維持するため行動することができる。

①　第76条第1項（第一号に係る部分に限る。以下この条において同じ。）の規定により出動を命ぜられた自衛隊は，（中略）**公共の秩序を維持するため行動することができる。**

②　（前略）この場合において，（中略）海上保安庁法第20条第2項中（中略）「海上保安官又は海上保安官補の職務」とあるのは「第76条第1項の規定により出動を命ぜられた自衛隊の自衛官が公共の秩序の維持のため行う職務」（中略）と読み替えるものとする。

②　**（前略）この場合において，**（中略）**海上保安庁法第20条第2項中**（中略）**「海上保安官又は海上保安官補の職務」とあるのは「第76条第1項（第一号に係る部分に限る。）の規定により出動を命ぜられた自衛隊の自衛官が公共の秩序の維持のため行う職務」**（中略）**と読み替えるものとする。**

③・④　（略）

（防衛出動時の緊急通行）

第92条の2

第76条第1項の規定により出動を命ぜられた自衛隊の自衛官は，当該自衛隊の行動に係る地域内を緊急に移動する場合において，通行に支障がある場所をう回するため必要があるときは，一般交通の用に供しない通路又は公共の用に供しない空地若しくは水面を通行することができる。この場合において，当該通行のために損害を受けた者から損失の補償の要求があるときは，政令で定めるところにより，その損失を補償するものとする。

第76条第1項（第一号に係る部分に限る。）の規定により出動を命ぜられた自衛隊の自衛官は，（中略）**一般交通の用に供しない通路又は公共の用に供しない空地若しくは水面を通行することができる。**（後略）

（災害派遣時等の権限）

第94条の2

① 次に掲げる自衛官は，武力攻撃事態等における国民の保護のための措置に関する法律及びこれに基づく命令の定めるところにより，同法第2章第3節に規定する避難住民の誘導に関する措置，同法第4章第2節に規定する応急措置等及び同法第155条に規定する交通の規制等に関する措置をとることができる。

一 第76条第1項の規定により出動を命ぜられた自衛隊の自衛官のうち，第92条第1項の規定により公共の秩序の維持のため行う職務に従事する者

一 第76条第1項（第一号に係る部分に限る。）の規定により出動を命ぜられた自衛隊の自衛官のうち，第92条第1項の規定により公共の秩序の維持のため行う職務に従事する者

二 （略）

三 第78条第1項又は第81条第2項の規定により出動を命ぜられた自衛隊の自衛官（武力攻撃事態等における我が国の平和と独立並びに国及び国民の安全の確保に関する法律第9条第1項に規定する対処基本方針において，同条第2項第三号に定める事項として内閣総理大臣が当該出動を命ずる旨が記載されている場合の当該出動に係る自衛官に限る。）

三 （前略）（**武力攻撃事態等及び存立危機事態における我が国の平和と独立並びに国及び国民の安全の確保に関する法律第9条**（中略）**第2項第三号に定める事項として内閣総理大臣が当該出動を命ずる旨が記載されている場合の当該出動に係る自衛官に限る。**）

② 次に掲げる自衛官は，武力攻撃事態等における国民の保護のための措置に関する法律及びこれに基づく命令の定めるところにより，同法第8章に規定する緊急対処事態に対処するための措置をとることができる。

一 （略）

二 第78条第1項又は第81条第2項の規定により出動を命ぜられた自衛隊の自衛官

（武力攻撃事態等における我が国の平和と独立並びに国及び国民の安全の確保に関する法律第25条第1項に規定する緊急対処事態において，武力攻撃事態等における国民の保護のための措置に関する法律第183条において準用する同法第14条第1項に規定する武力攻撃に準ずる攻撃に対処するため当該出動を命ぜられた場合の当該出動に係る自衛官に限る。）

二 （前略）（**武力攻撃事態等及び存立危機事態における我が国の平和と独立並びに国及び国民の安全の確保に関する法律第22条第1項に規定する緊急対処事態において，**（中略）**武力攻撃に準ずる攻撃に対処するため当該出動を命ぜられた場合の当該出動に係る自衛官に限る。**）

【新設】

（在外邦人等の保護措置の際の権限）

第94条の5

① **第84条の3第1項の規定により外国の領域において保護措置を行う職務に従事する自衛官は，同項第一号及び第二号のいずれにも該当する場合であつて，その職務を行うに際し，自己若しくは当該保護措置の対象である邦人若しくはその他の保護対象者の生命若しくは身体の防護又はその職務を妨害する行為の排除のためやむを得ない必要があると認める相当の理由があるときは，その事態に応じ合理的に必要と判断される限度で武器を使用することができる。ただし，刑法第36条又は第37条に該当する場合のほか，人に危害を与えてはならない。**

② **第89条第2項の規定は，前項の規定により自衛官が武器を使用する場合について準用する。**

③ **第1項に規定する自衛官は，第84条の3第1項第一号に該当しない場合であつても，その職務を行うに際し，自己若しくは自己と共に当該職務に従事する隊員又はその職務を行うに伴い自己の管理の下に入つた者の生命又は身体の防護のためやむを得ない必要があると認める相当の理由がある場合には，その事態に応じ合理的に必要と判断される限度で武器を使用することができる。ただし，刑法第36条又は第37条に該当する場合のほか，人に危害を与えてはならない。**

（在外邦人等の輸送の際の権限）

第94条の5

第94条の6

第84条の3第1項の規定により外国の領域において同項の輸送の職務に従事する自衛官は，当該輸送に用いる航空機，船舶若しくは車両の所在する場所，輸送対象者（当該自衛官の管理の下に入つた当該輸送の対象である邦人又は同項後段の規定によ

り同乗させる者をいう。以下この条において同じ。）を当該航空機，船舶若しくは車両まで誘導する経路，輸送対象者が当該航空機，船舶若しくは車両に乗り込むために待機している場所又は輸送経路の状況の確認その他の当該車両の所在する場所を離れて行う当該車両による輸送の実施に必要な業務が行われる場所においてその職務を行うに際し，自己若しくは自己と共に当該輸送の職務に従事する隊員又は輸送対象者その他その職務を行うに伴い自己の管理の下に入つた者の生命又は身体の防護のためやむを得ない必要があると認める相当の理由がある場合には，その事態に応じ合理的に必要と判断される限度で武器を使用することができる。（後略）

第84条の4第1項の規定により外国の領域において同項の輸送の職務に従事する自衛官は，（中略）**やむを得ない必要があると認める相当の理由がある場合には，その事態に応じ合理的に必要と判断される限度で武器を使用することができる。**（後略）

（後方地域支援等の際の権限）

（後方支援活動等の際の権限）

第94条の6

第94条の7

第3条第2項に規定する活動に従事する自衛官又はその実施を命ぜられた部隊等の自衛官であつて，次の各号に掲げるものは，それぞれ，自己又は当該各号に定める者の生命又は身体を防護するためやむを得ない必要があると認める相当の理由がある場合には，当該活動について定める法律の定めるところにより，武器を使用することができる。

（前略）**次の各号に掲げるものは，それぞれ，当該各号に定める場合には，当該活動について定める法律の定めるところにより，武器を使用することができる。**

一　第84条の4第2項第一号に規定する後方地域支援としての役務の提供又は後方地域捜索救助活動の実施を命ぜられた部隊等の自衛官　自己と共に当該職務に従事する者

一　第84条の5第2項第一号に規定する後方支援活動としての役務の提供又は捜索救助活動の実施を命ぜられた部隊等の自衛官　自己又は自己と共に現場に所在する他の隊員若しくは当該職務を行うに伴い自己の管理の下に入つた者若しくは自己と共にその宿営する宿営地（重要影響事態に際して我が国の平和及び安全を確保するための措置に関する法律第11条第5項に規定する宿営地をいう。）に所在する者の生命又は身体を防護するためやむを得ない必要があると認める相当の理由がある場合

二　第84条の4第2項第二号に規定する船舶検査活動の実施を命ぜられた部隊等の

自衛官　自己と共に当該職務に従事する者

二　第84条の5第2項第二号に規定する船舶検査活動の実施を命ぜられた部隊等の自衛官　自己又は自己と共に現場に所在する他の隊員若しくは当該職務を行うに伴い自己の管理の下に入つた者の生命又は身体を防護するためやむを得ない必要があると認める相当の理由がある場合

三　第84条の4第2項第四号に規定する国際平和協力業務に従事する自衛官　自己と共に現場に所在する他の隊員（第2条第5項に規定する隊員をいう。），国際平和協力隊の隊員（国際連合平和維持活動等に対する協力に関する法律第10条に規定する協力隊の隊員をいう。）又は当該職務を行うに伴い自己の管理の下に入つた者

三　第84条の5第2項第四号に規定する国際平和協力業務に従事する自衛官（次号及び第五号に掲げるものを除く。）　自己又は自己と共に現場に所在する他の隊員（中略），**国際平和協力隊の隊員**（中略）**若しくは当該職務を行うに伴い自己の管理の下に入つた者若しくは自己と共にその宿営する宿営地（同法第25条第7項に規定する宿営地をいう。）に所在する者の生命又は身体を防護するためやむを得ない必要があると認める相当の理由がある場合**

【新設】

四　第84条の5第2項第四号に規定する国際平和協力業務であつて国際連合平和維持活動等に対する協力に関する法律第3条第五号トに掲げるもの又はこれに類するものとして同号ナの政令で定めるものに従事する自衛官　前号に定める場合又はその業務を行うに際し，自己若しくは他人の生命，身体若しくは財産を防護し，若しくはその業務を妨害する行為を排除するためやむを得ない必要があると認める相当の理由がある場合

【新設】

五　第84条の5第2項第四号に規定する国際平和協力業務であつて国際連合平和維持活動等に対する協力に関する法律第3条第五号ラに掲げるものに従事する自衛官　第三号に定める場合又はその業務を行うに際し，自己若しくはその保護しようとする活動関係者（同条第五号ラに規定する活動関係者をいう。）の生命若しくは身体を防護するためやむを得ない必要があると認める相当の理由がある場合

【新設】

六　第84条の5第2項第五号に規定する協力支援活動としての役務の提供又は捜索救助活動の実施を命ぜられた部隊等の自衛官　自己又は自己と共に現場に所在する他の隊員若しくは当該職務を行うに伴い自己の管理の下に入つた者若しくは自己と共にその宿営する宿営地（国際平和共同対処事態に際して我が国が実施する諸外国の軍隊等に対する協力支援活動等に関する法律第

11条第5項に規定する宿営地をいう。）に所在する者の生命又は身体を防護するためやむを得ない必要があると認める相当の理由がある場合

（防衛出動時における海上輸送の規制のための権限）

第94条の7

第94条の8

第76条第1項の規定による出動を命ぜられた海上自衛隊の自衛官は，武力攻撃事態における外国軍用品等の海上輸送の規制に関する法律（平成16年法律第116号）の定めるところにより，同法の規定による権限を行使することができる。

第76条第1項の規定による出動を命ぜられた海上自衛隊の自衛官は，武力攻撃事態及び存立危機事態における外国軍用品等の海上輸送の規制に関する法律（中略）**の規定による権限を行使することができる。**

（捕虜等の取扱いの権限）

第94条の8

第94条の9

自衛官は，武力攻撃事態における捕虜等の取扱いに関する法律の定めるところにより，同法の規定による権限を行使することができる。

自衛官は，武力攻撃事態及び存立危機事態における捕虜等の取扱いに関する法律（中略）**の規定による権限を行使することができる。**

（武器等の防護のための武器の使用）

（自衛隊の武器等の防護のための武器の使用）

第95条

自衛官は，自衛隊の武器，弾薬，火薬，船舶，航空機，車両，有線電気通信設備，無線設備又は液体燃料を職務上警護するに当たり，人又は武器，弾薬，火薬，船舶，航空機，車両，有線電気通信設備，無線設備若しくは液体燃料を防護するため必要であると認める相当の理由がある場合には，その事態に応じ合理的に必要と判断される限度で武器を使用することができる。（後略）

自衛官は，自衛隊の（中略）**無線設備又は液体燃料（以下「武器等」という。）を職務上警護するに当たり，人又は武器等を防護するため必要であると認める相当の理由がある場合には，その事態に応じ合理的に必要と判断される限度で武器を使用することができる。**（後略）

【新設】

（合衆国軍隊等の部隊の武器等の防護のための武器の使用）

第95条の2

① **自衛官は，アメリカ合衆国の軍隊その他の外国の軍隊その他これに類する組織（次項において「合衆国軍隊等」という。）の部隊であつて自衛隊と連携**

して我が国の防衛に資する活動（共同訓練を含み，現に戦闘行為が行われている現場で行われるものを除く。）に現に従事しているものの武器等を職務上警護するに当たり，人又は武器等を防護するため必要であると認める相当の理由がある場合には，その事態に応じ合理的に必要と判断される限度で武器を使用することができる。ただし，刑法第36条又は第37条に該当する場合のほか，人に危害を与えてはならない。

② 前項の警護は，合衆国軍隊等から要請があつた場合であつて，防衛大臣が必要と認めるときに限り，自衛官が行うものとする。

（自衛隊の施設の警護のための武器の使用）

第95条の2

第95条の3

自衛官は，本邦内にある自衛隊の施設であつて，自衛隊の武器，弾薬，火薬，船舶，航空機，車両，有線電気通信設備，無線設備若しくは液体燃料を保管し，収容し若しくは整備するための施設設備，営舎又は港湾若しくは飛行場に係る施設設備が所在するものを職務上警護するに当たり，当該職務を遂行するため又は自己若しくは他人を防護するため必要であると認める相当の理由がある場合には，当該施設内において，その事態に応じ合理的に必要と判断される限度で武器を使用することができる。ただし，刑法第36条又は第37条に該当する場合のほか，人に危害を与えてはならない。

自衛官は，（中略）**自衛隊の武器等を保管し，収容し若しくは整備するための施設設備**（中略）**を職務上警護するに当たり，**（中略）**その事態に応じ合理的に必要と判断される限度で武器を使用することができる。**（後略）

（合衆国軍隊に対する物品又は役務の提供）

第100条の6

① 防衛大臣又はその委任を受けた者は，次に掲げる合衆国軍隊（中略）から要請があつた場合には，自衛隊の任務遂行に支障を生じない限度において，当該合衆国軍隊に対し，自衛隊に属する物品の提供を実施することができる。

一 自衛隊との共同訓練を行う合衆国軍隊（周辺事態に際して我が国の平和及び安全を確保するための措置に関する法律第3条第1項第一号及び武力攻撃事態等におけるアメリカ合衆国の軍隊の行動に伴い我が国が実施する措置に関する法律第2条第四号に規定する合衆国軍隊を除く。第三号から第五号までにおいて同じ。）

一 自衛隊及び合衆国軍隊の双方の参加を得て行われる訓練に参加する合衆国軍隊（重要影響事態に際して我が国の平和及び安全を確保するための措置に関する法律第3条第1項第一号に規定する合衆国軍隊等に該当する合衆国軍隊，武力攻撃事態等及び存立危機事態におけるアメリカ合衆国等の軍隊の行動に伴い我が国が実施する措置に関する法律第2条第六号に規定する特定合

衆国軍隊，同条第七号に規定する外国軍隊に該当する合衆国軍隊及び国際平和共同対処事態に際して我が国が実施する諸外国の軍隊等に対する協力支援活動等に関する法律第3条第1項第一号に規定する諸外国の軍隊等に該当する合衆国軍隊を除く。次号から第四号まで及び第六号から第十一号までにおいて同じ。）

【新設】

二　部隊等が第81条の2第1項第二号に掲げる施設及び区域に係る同項の警護を行う場合において，当該部隊等と共に当該施設及び区域内に所在して当該施設及び区域の警護を行う合衆国軍隊

【新設】

三　自衛隊の部隊が第82条の2に規定する海賊対処行動を行う場合において，当該部隊と共に現場に所在して当該海賊対処行動と同種の活動を行う合衆国軍隊

【新設】

四　自衛隊の部隊が第82条の3第1項又は第3項の規定により弾道ミサイル等を破壊する措置をとるため必要な行動をとる場合において，当該部隊と共に現場に所在して当該行動と同種の活動を行う合衆国軍隊

二　（略）

五　（略）

【新設】

六　自衛隊の部隊が第84条の2に規定する機雷その他の爆発性の危険物の除去及びこれらの処理を行う場合において，当該部隊と共に現場に所在してこれらの活動と同種の活動を行う合衆国軍隊

三　部隊等が第84条の3第1項に規定する外国における緊急事態に際して同項の邦人の輸送を行う場合において，当該部隊等と共に現場に所在して当該輸送と同種の活動を行う合衆国軍隊

七　部隊等が第84条の3第1項に規定する外国における緊急事態に際して同項の保護措置を行う場合又は第84条の4第1項に規定する外国における緊急事態に際して同項の邦人の輸送を行う場合において，当該部隊等と共に現場に所在して当該保護措置又は当該輸送と同種の活動を行う合衆国軍隊

四　部隊等が第84条の4第2項第三号に規定する国際緊急援助活動又は当該活動を行う人員若しくは当該活動に必要な物資の輸送を行う場合において，同一の災害に対処するために当該部隊等と共に現場に所在してこれらの活動と同種の活動を行う合衆国軍隊

八　部隊等が第84条の5第2項第三号に規定する（中略）活動（中略）を行

う場合において，（中略）**これらの活動と同種の活動を行う合衆国軍隊**

【新設】

九　自衛隊の部隊が船舶又は航空機により外国の軍隊の動向に関する情報その他の我が国の防衛に資する情報の収集のための活動を行う場合において，当該部隊と共に現場に所在して当該活動と同種の活動を行う合衆国軍隊

五　（略）

十　（略）

【新設】

十一　第一号から第九号までに掲げるもののほか，訓練，連絡調整その他の日常的な活動のため，航空機，船舶又は車両により合衆国軍隊の施設に到着して一時的に滞在する部隊等と共に現場に所在し，訓練，連絡調整その他の日常的な活動を行う合衆国軍隊

②　（略）

③　前二項の規定による自衛隊に属する物品の提供及び防衛省の機関又は部隊等による役務の提供として行う業務は，次の各号に掲げる合衆国軍隊の区分に応じ，当該各号に定めるものとする。

一　第１項第一号及び第五号に掲げる合衆国軍隊　補給，輸送，修理若しくは整備，医療，通信，空港若しくは港湾に関する業務，基地に関する業務，宿泊，保管，施設の利用又は訓練に関する業務（これらの業務にそれぞれ附帯する業務を含む。）

一　第１項第一号，第十号及び第十一号に掲げる合衆国軍隊　（略）

二　第１項第二号から第四号までに掲げる合衆国軍隊　補給，輸送，修理若しくは整備，医療，通信，空港若しくは港湾に関する業務，基地に関する業務，宿泊，保管又は施設の利用（これらの業務にそれぞれ附帯する業務を含む。）

二　第１項第二号から第九号までに掲げる合衆国軍隊　（略）

④　第１項に規定する物品の提供には，武器（弾薬を含む。）の提供は含まないものとする。

④　第１項に規定する物品の提供には，武器の提供は含まないものとする。

（オーストラリア軍隊に対する物品又は役務の提供）

第100条の８

①　防衛大臣又はその委任を受けた者は，次に掲げるオーストラリア軍隊（中略）から要請があつた場合には，自衛隊の任務遂行に支障を生じない限度において，当該オーストラリア軍隊に対し，自衛隊に属する物品の提供を実施することができる。

一　自衛隊及びオーストラリア軍隊の双方の参加を得て行われる訓練に参加するオーストラリア軍隊

一　自衛隊及びオーストラリア軍隊の双方の参加を得て行われる訓練に参加す

るオーストラリア軍隊（重要影響事態に際して我が国の平和及び安全を確保するための措置に関する法律第3条第1項第一号に規定する合衆国軍隊等に該当するオーストラリア軍隊，武力攻撃事態等及び存立危機事態におけるアメリカ合衆国等の軍隊の行動に伴い我が国が実施する措置に関する法律第2条第七号に規定する外国軍隊に該当するオーストラリア軍隊及び国際平和共同対処事態に際して我が国が実施する諸外国の軍隊等に対する協力支援活動等に関する法律第3条第1項第一号に規定する諸外国の軍隊等に該当するオーストラリア軍隊を除く。第三号から第六号までにおいて同じ。）

二　（略）

三　部隊等が第84条の3第1項に規定する外国における緊急事態に際して同項の邦人の輸送を行う場合において，当該部隊等と共に現場に所在して当該輸送と同種の活動を行うオーストラリア軍隊

三　部隊等が第84条の3第1項に規定する外国における緊急事態に際して同項の保護措置としての輸送を行う場合又は第84条の4第1項に規定する外国における緊急事態に際して同項の邦人の輸送を行う場合において，当該部隊等と共に現場に所在してこれらの輸送と同種の活動を行うオーストラリア軍隊

四　部隊等が第84条の4第2項第三号に規定する国際緊急援助活動又は当該活動を行う人員若しくは当該活動に必要な物資の輸送を行う場合において，同一の災害に対処するために当該部隊等と共に現場に所在してこれらの活動と同種の活動を行うオーストラリア軍隊

四　部隊等が第84条の5第2項第三号に規定する（中略）**活動**（中略）**を行う場合において，**（中略）**これらの活動と同種の活動を行うオーストラリア軍隊**

五・六　（略）

②〜④　（略）

（防衛出動時における物資の収用等）

第103条

①　第76条第1項の規定により自衛隊が出動を命ぜられ，当該自衛隊の行動に係る地域において自衛隊の任務遂行上必要があると認められる場合には，都道府県知事は，防衛大臣又は政令で定める者の要請に基き，病院，診療所その他政令で定める施設（以下本条中「施設」という。）を管理し，土地，家屋若しくは物資（以下本条中「土地等」という。）を使用し，物資の生産，集荷，販売，配給，保管若しくは輸送を業とする者に対してその取り扱う物資の保管を命じ，又はこれらの物資を収用することができる。ただし，事態に照らし緊急を要すると認めるときは，防衛大臣又は政令で

定める者は，都道府県知事に通知した上で，自らこれらの権限を行うことができる。

①　第76条第1項（第一号に係る部分に限る。以下この条において同じ。）の規定により自衛隊が出動を命ぜられ，（中略）**任務遂行上必要があると認められる場合には，**（中略）**要請に基づき，病院，診療所その他政令で定める施設（以下この条において「施設」という。）を管理し，土地，家屋若しくは物資（以下この条において「土地等」という。）を使用し，**（中略）**物資を収用することができる。**（後略）

②〜⑲　（略）

（展開予定地域内の土地の使用等）

第103条の2

①〜③　（略）

④　第1項の規定により土地を使用している場合において，第76条第1項の規定により自衛隊が出動を命ぜられ，当該土地が前条第1項又は第2項の規定の適用を受ける地域に含まれることとなつたときは，前三項の規定により都道府県知事がした処分，手続その他の行為は，前条の規定によりした処分，手続その他の行為とみなす。

④　第1項の規定により土地を使用している場合において，第76条第1項（第一号に係る部分に限る。）の規定により自衛隊が出動を命ぜられ，当該土地が前条第1項又は第2項の規定の適用を受ける地域に含まれることとなつたときは，前三項の規定により都道府県知事がした処分，手続その他の行為は，前条の規定によりした処分，手続その他の行為とみなす。

（電気通信設備の利用等）

第104条

①　防衛大臣は，第76条第1項の規定により出動を命ぜられた自衛隊の任務遂行上必要があると認める場合には，緊急を要する通信を確保するため，総務大臣に対し，電気通信事業法（昭和59年法律第86号）第2条第五号に規定する電気通信事業者がその事業の用に供する電気通信設備を優先的に利用し，又は有線電気通信法（昭和28年法律第96号）第3条第4項第四号に掲げる者が設置する電気通信設備を使用することに関し必要な措置をとることを求めることができる。

①　防衛大臣は，第76条第1項（第一号に係る部分に限る。）の規定により出動を命ぜられた自衛隊の任務遂行上必要があると認める場合には，緊急を要する通信を確保するため，総務大臣に対し，電気通信事業法（中略）**に規定する電気通信事業者がその事業の用に供する電気通信設備を優先的に利用し，又は有線電気通信法**（中略）**に掲げる者が設置する電気通信設備を使用することに関し必要な措置をとることを求めることができる。**

②　（略）

（消防法の適用除外）

第115条の2

①・②　（略）

③　消防法第17条の規定は，第76条第1項の規定により出動を命ぜられ，又は第77条の2の規定による措置を命ぜられた自衛隊の部隊等が応急措置として新築，増築，改築，移転，修繕又は模様替の工事を行つた同法第17条第1項の防火対象物で政令で定めるものについては，第76条第2項若しくは武力攻撃事態等における我が国の平和と独立並びに国及び国民の安全の確保に関する法律第9条第11項後段の規定による撤収（次条から第115条の24までにおいて単に「撤収」という。）を命ぜられ，又は第77条の2の規定による命令が解除されるまでの間は，適用しない。

③　消防法第17条の規定は，（中略）**武力攻撃事態等及び存立危機事態における我が国の平和と独立並びに国及び国民の安全の確保に関する法律第9条第11項後段の規定による撤収**（中略）**を命ぜられ，又は第77条の2の規定による命令が解除されるまでの間は，適用しない。**

④　（略）

（墓地，埋葬等に関する法律の適用除外）

第115条の4

墓地，埋葬等に関する法律（昭和23年法律第48号）第4条及び第5条第1項の規定は，第76条第1項の規定により出動を命ぜられた自衛隊の行動に係る地域において死亡した当該自衛隊の隊員及び抑留対象者（武力攻撃事態における捕虜等の取扱いに関する法律第3条第四号に規定する抑留対象者をいい，同法第4条の規定によりその身体を拘束されている間に死亡したものを除く。）の死体の埋葬及び火葬であつて当該自衛隊の部隊等が行うものについては，適用しない。

墓地，埋葬等に関する法律（中略）**第4条及び第5条第1項の規定は，第76条第1項（第一号に係る部分に限る。）の規定により出動を命ぜられ**（中略）**死亡した当該自衛隊の隊員及び抑留対象者（武力攻撃事態及び存立危機事態における捕虜等の取扱いに関する法律第3条第六号に規定する抑留対象者**（中略））**の死体の埋葬及び火葬**（中略）**については，適用しない。**

（医療法の適用除外等）

第115条の5

①　医療法（昭和23年法律第205号）の規定は，第76条第1項の規定により出動を命ぜられ，又は第77条の規定により出動待機命令を受けた自衛隊の部隊等が臨時に開設する医療を行うための施設については，適用しない。

①　医療法（中略）**の規定は，第76条第1項（第一号に係る部分に限る。）の規定により出動を命ぜられ，又は第77条の規定により出動待機命令（第76条**

第1項（第一号に係る部分に限る。）の規定による防衛出動命令が発せられることが予測される場合に係るものに限る。）を受けた自衛隊の部隊等が臨時に開設する医療を行うための施設については，適用しない。

② 前項の医療を行うための施設は，（中略）医薬品，医療機器等の品質，有効性及び安全性の確保等に関する法律（昭和35年法律第145号）第2条第12項ただし書，第46条第2項及び第49条第1項ただし書，薬剤師法（昭和35年法律第146号）第22条ただし書（中略）の規定の適用についてはこれらの規定に規定する病院と，（中略）医薬品，医療機器等の品質，有効性及び安全性の確保等に関する法律第34条第3項の規定の適用については同項に規定する薬局開設者等とみなす。

② 前項の医療を行うための施設は，（中略）**医薬品，医療機器等の品質，有効性及び安全性の確保等に関する法律**（中略）**第2条第12項ただし書，薬剤師法**（中略）**第22条ただし書**（中略）**の規定の適用についてはこれらの規定に規定する病院と，**（中略）**医薬品，医療機器等の品質，有効性及び安全性の確保等に関する法律第34条第3項の規定の適用については同項に規定する薬局開設者等と，同法第46条第2項及び第49条第1項ただし書の規定の適用についてはこれらの規定に規定する薬剤師等とみなす。**

（漁港漁場整備法の特例）

第115条の6

① 第76条第1項の規定により出動を命ぜられ，又は第77条の2の規定による措置を命ぜられた自衛隊の部隊等が漁港漁場整備法（昭和25年法律第137号）第39条第1項の規定により許可を要する行為をしようとする場合における同条第4項の規定の適用については，撤収を命ぜられ，又は第77条の2の規定による命令が解除されるまでの間は，同法第39条第4項中「協議する」とあるのは，「その旨を通知する」とする。

① 第76条第1項（第一号に係る部分に限る。）の規定により出動を命ぜられ（中略）**た自衛隊の部隊等が漁港漁場整備法**（中略）**第39条第1項の規定により許可を要する行為をしようとする場合における同条第4項の規定の適用については，**（中略）**「協議する」とあるのは，「その旨を通知する」とする。**

② （略）

（建築基準法の特例）

第115条の7

（前略）この場合において，同条第3項本文中「その建築工事を完了した後3月を超えて」とあるのは「自衛隊法（昭和29年法律第165号）第76条第2項若しくは武力攻撃事態等における我が国の平和と独立並びに国及び国民の安全の確保に関する法律（平成15年法律第79号）第9条第11項後段の規定による撤収を命ぜられ，又は

自衛隊法第77条の2の規定による命令が解除された後においても」と，「その超えることとなる日前に，特定行政庁の許可」とあるのは「当該撤収の命令又は命令の解除があつた後，速やかに，特定行政庁に申請し，その許可」と読み替えるものとする。

（前略）**この場合において，同条第3項本文中「その建築工事を完了した後3月を超えて」とあるのは「自衛隊法**（中略）**第76条第2項若しくは武力攻撃事態等及び存立危機事態における我が国の平和と独立並びに国及び国民の安全の確保に関する法律**（中略）**第9条第11項後段の規定による撤収を命ぜられ，又は自衛隊法第77条の2の規定による命令が解除された後においても」**（中略）**と読み替えるものとする。**

(港湾法の特例)

第115条の8

① 第76条第1項の規定により出動を命ぜられ，又は第77条の2の規定による措置を命ぜられた自衛隊の部隊等が港湾法（昭和25年法律第218号）第37条第1項又は第56条第1項の規定により許可を要する行為をしようとする場合における同法第37条第3項（同法第56条第3項において準用する場合を含む。以下この条において同じ。）の規定の適用については，撤収を命ぜられ，又は第77条の2の規定による命令が解除されるまでの間は，同法第37条第3項中「とあるのは「港湾管理者と協議し」と，前項中「許可をし」とあるのは「協議に応じ」」とあるのは，「とあるのは，「あらかじめ，その旨を港湾管理者に通知し」」とする。

① 第76条第1項（第一号に係る部分に限る。）の規定により出動を命ぜられ（中略）**た自衛隊の部隊等が港湾法**（中略）**の規定により許可を要する行為をしようとする場合における同法第37条第3項**（中略）**の規定の適用については，**（中略）**「**（中略）**「許可をし」とあるのは「協議に応じ」」とあるのは，「とあるのは，「あらかじめ，その旨を港湾管理者に通知し」」とする。**

②～④ （略）

(土地収用法の適用除外)

第115条の9

土地収用法（昭和26年法律第219号）第28条の3第1項（同法第138条第1項において準用する場合を含む。）の規定は，第76条第1項の規定により出動を命ぜられ，又は第77条の2の規定による措置を命ぜられた自衛隊の部隊等が応急措置として行う防御施設の構築その他の行為については，適用しない。

土地収用法（中略）**第28条の3第1項**（中略）**の規定は，第76条第1項（第一号に係る部分に限る。）の規定により出動を命ぜられ，又は第77条の2の規定による措置を命ぜられた自衛隊の部隊等が応急措置として行う防御施設の構築その他の行為については，適用しない。**

（森林法の特例）

第 115 条の 10

① 第 76 条第 1 項の規定により出動を命ぜられ，又は第 77 条の 2 の規定による措置を命ぜられた自衛隊の部隊等が応急措置として行う森林法（昭和 26 年法律第 249 号）第 10 条の 8 第 1 項の規定により届出を要する立木の伐採に対する同項の規定の適用については，同項中「伐採するには，農林水産省令で定める手続に従い，あらかじめ」とあるのは「伐採したときは」と，「森林の所在場所，伐採面積，伐採方法，伐採齢，伐採後の造林の方法，期間及び樹種その他農林水産省令で定める事項を記載した伐採及び伐採後の造林の届出書を提出しなければ」とあるのは「その旨を通知しなければ」とする。

① 第 76 条第 1 項<u>**（第一号に係る部分に限る。）**</u>**の規定により出動を命ぜられ**（中略）**た自衛隊の部隊等が応急措置として行う森林法**（中略）**第 10 条の 8 第 1 項の規定により届出を要する立木の伐採に対する同項の規定の適用については，**（中略）**「**（中略）**届出書を提出しなければ」とあるのは「その旨を通知しなければ」とする。**

②～④ （略）

（道路法の特例）

第 115 条の 11

① 第 76 条第 1 項の規定により出動を命ぜられた自衛隊の部隊等が，破損し，又は欠壊している道路を通行するために応急措置として行う道路に関する工事については，道路法（昭和 27 年法律第 180 号）第 24 条の規定にかかわらず，同条本文の承認を受けることを要しない。（後略）

① 第 76 条第 1 項<u>**（第一号に係る部分に限る。第 3 項において同じ。）**</u>**の規定により出動を命ぜられた自衛隊の部隊等が，**（中略）**応急措置として行う道路に関する工事については，**（中略）**承認を受けることを要しない。**（後略）

②～⑤ （略）

（土地区画整理法の適用除外）

第 115 条の 12

土地区画整理法（昭和 29 年法律第 119 号）第 76 条第 1 項の規定は，第 76 条第 1 項の規定により出動を命ぜられ，又は第 77 条の 2 の規定による措置を命ぜられた自衛隊の部隊等が応急措置として行う防御施設の構築その他の行為については，適用しない。

土地区画整理法（中略）**第 76 条第 1 項の規定は，第 76 条第 1 項**<u>**（第一号に係る部分に限る。）**</u>**の規定により出動を命ぜられ**（中略）**た自衛隊の部隊等が応急措置として行う防御施設の構築その他の行為については，適用しない。**

（都市公園法の特例）

第115条の13

① 第76条第1項の規定により出動を命ぜられ，又は第77条の2の規定による措置を命ぜられた自衛隊の部隊等が行う都市公園又は公園予定区域の占用に対する都市公園法（昭和31年法律第79号）第9条（同法第33条第4項において準用する場合を含む。以下この条において同じ。）の規定の適用については，撤収を命ぜられ，又は第77条の2の規定による命令が解除されるまでの間は，同法第9条中「第7条各号に掲げる工作物」とあるのは「工作物」と，「と公園管理者との協議が成立すること」とあるのは「があらかじめ公園管理者に占用の目的，占用の期間，占用の場所及び工作物その他の物件又は施設の構造を通知すること」とする。（後略）

① 第76条第1項（第一号に係る部分に限る。第3項において同じ。）の規定により出動を命ぜられ（中略）**た自衛隊の部隊等が行う都市公園又は公園予定区域の占用に対する都市公園法**（中略）**第9条**（中略）**の規定の適用については，**（中略）**「第7条各号に掲げる工作物」とあるのは「工作物」**（中略）**とする。**（後略）

②・③ （略）

（海岸法の特例）

第115条の14

① 第76条第1項の規定により出動を命ぜられ，又は第77条の2の規定による措置を命ぜられた自衛隊の部隊等が海岸法（昭和31年法律第101号）第7条第1項，第8条第1項，第37条の4又は第37条の5の規定により許可を要する行為をしようとする場合における同法第10条第2項（同法第37条の8において準用する場合を含む。以下この条において同じ。）の規定の適用については，撤収を命ぜられ，又は第77条の2の規定による命令が解除されるまでの間は，同法第10条第2項中「協議する」とあるのは，「その旨を通知する」とする。

① 第76条第1項（第一号に係る部分に限る。）の規定により出動を命ぜられ（中略）**た自衛隊の部隊等が海岸法**（中略）**の規定により許可を要する行為をしようとする場合における同法第10条第2項**（中略）**の規定の適用については，**（中略）**「協議する」とあるのは，「その旨を通知する」とする。**

② （略）

（自然公園法の特例）

第115条の15

① 第76条第1項の規定により出動を命ぜられ，又は第77条の2の規定による措置を命ぜられた自衛隊の部隊等が応急措置として行う防御施設の構築その他の行為であつて自然公園法（昭和32年法律第161号）第20条第3項，第21条第3項，第22条

第3項又は第33条第1項の規定により許可又は届出を要するものをしようとする場合における同法第23条第3項ただし書又は第68条の規定の適用については，同法第23条第3項第一号中「第68条第1項後段の規定による協議」とあるのは「自衛隊法（昭和29年法律第165号）第115条の15第1項の規定により読み替えられた第68条第1項後段の規定による通知」と，同法第68条第1項中「協議しなければ」とあるのは「その旨を通知しなければ」と，同条第3項中「これらの規定による届出の例により」とあるのは「あらかじめ」とする。

①　第76条第1項（第一号に係る部分に限る。）の規定により出動を命ぜられ（中略）た自衛隊の部隊等が応急措置として行う防御施設の構築その他の行為であつて自然公園法（中略）の規定により許可又は届出を要するものをしようとする場合（中略），同法第23条第3項第一号中「第68条第1項後段の規定による協議」とあるのは「自衛隊法（中略）第115条の15第1項の規定により読み替えられた第68条第1項後段の規定による通知」（中略）とする。

②・③　（略）

（道路交通法の特例）

第115条の16

①　第76条第1項の規定により出動を命ぜられた自衛隊の部隊等が応急措置として行う防御施設の構築その他の行為であつて道路交通法第77条第1項の規定により許可を要するものに対する同項の規定の適用については，撤収を命ぜられるまでの間は，同項中「の許可（当該行為に係る場所が同一の公安委員会の管理に属する二以上の警察署長の管轄にわたるときは，そのいずれかの所轄警察署長の許可。以下この節において同じ。）を受けなければならない」とあるのは，「にあらかじめ当該行為の概要を通知しなければならない。この場合において，当該行為に係る場所が同一の公安委員会の管理に属する二以上の警察署長の管轄にわたるときは，そのいずれかの所轄警察署長に通知すれば足りる」とする。

①　第76条第1項（第一号に係る部分に限る。）の規定により出動を命ぜられた自衛隊の部隊等が応急措置として行う防御施設の構築その他の行為であつて道路交通法第77条第1項の規定により許可を要するものに対する同項の規定の適用については，撤収を命ぜられるまでの間は，同項中「の許可（中略）を受けなければならない」とあるのは，「にあらかじめ当該行為の概要を通知しなければならない。（後略）」とする。

②・③　（略）

（河川法の特例）

第115条の17

①　第76条第1項の規定により出動を命ぜられ，又は第77条の2の規定による措置

を命ぜられた自衛隊の部隊等が河川法（昭和39年法律第167号）第23条，第24条，第25条，第26条第1項，第27条第1項，第55条第1項，第57条第1項，第58条の4第1項又は第58条の6第1項の規定により許可を要する行為（同法第27条第4項に規定する一定の河川区域内の土地における土地の掘削，盛土又は切土を除く。）をしようとする場合における同法第95条（同法第100条第1項において準用する場合を含む。以下この条において同じ。）の規定の適用については，撤収を命ぜられ，又は第77条の2の規定による命令が解除されるまでの間は，同法第95条中「国と河川管理者との協議が成立することをもつて，これらの規定による許可，登録又は承認があつたものとみなす」とあるのは，「これらの規定にかかわらず，国があらかじめ河川管理者に当該行為をしようとする旨を通知することをもつて足りる」とする。

① 第76条第1項（第一号に係る部分に限る。）の規定により出動を命ぜられ（中略）た自衛隊の部隊等が河川法（中略）の規定により許可を要する行為（中略）をしようとする場合における同法第95条（中略）の規定の適用については，（中略）「国と河川管理者との協議が成立することをもつて，これらの規定による許可，登録又は承認があつたものとみなす」とあるのは，「これらの規定にかかわらず，国があらかじめ河川管理者に当該行為をしようとする旨を通知することをもつて足りる」とする。

② （略）

（首都圏近郊緑地保全法の適用除外）

第115条の18

首都圏近郊緑地保全法（昭和41年法律第101号）第7条第1項及び第3項の規定は，第76条第1項の規定により出動を命ぜられ，又は第77条の2の規定による措置を命ぜられた自衛隊の部隊等が応急措置として行う防御施設の構築その他の行為については，適用しない。

首都圏近郊緑地保全法（中略）第7条第1項及び第3項の規定は，第76条第1項（第一号に係る部分に限る。）の規定により出動を命ぜられ（中略）た自衛隊の部隊等が応急措置として行う防御施設の構築その他の行為については，適用しない。

（近畿圏の保全区域の整備に関する法律の適用除外）

第115条の19

近畿圏の保全区域の整備に関する法律（昭和42年法律第103号）第8条第1項及び第3項の規定は，第76条第1項の規定により出動を命ぜられ，又は第77条の2の規定による措置を命ぜられた自衛隊の部隊等が応急措置として行う防御施設の構築その他の行為については，適用しない。

近畿圏の保全区域の整備に関する法律（中略）第8条第1項及び第3項の規

定は，第76条第1項（第一号に係る部分に限る。）の規定により出動を命ぜられ（中略）た自衛隊の部隊等が応急措置として行う防御施設の構築その他の行為については，適用しない。

（都市緑地法の特例）

第115条の21

① 第76条第1項の規定により出動を命ぜられ，又は第77条の2の規定による措置を命ぜられた自衛隊の部隊等が応急措置として行う防御施設の構築その他の行為であつて都市緑地法（昭和48年法律第72号）第14条第1項の規定により許可を要するものをしようとする場合における同条第8項後段の規定の適用については，同項後段中「都道府県知事等に協議しなければ」とあるのは，「同項の許可の権限を有する者にその旨を通知しなければ」とする。

① **第76条第1項（第一号に係る部分に限る。）の規定により出動を命ぜられ**（中略）**た自衛隊の部隊等が**（中略）**都市緑地法**（中略）**第14条第1項の規定により許可を要するものをしようとする場合における同条第8項後段の規定の適用については，同項後段中「都道府県知事等に協議しなければ」とあるのは，「同項の許可の権限を有する者にその旨を通知しなければ」とする。**

②・③ （略）

（景観法の特例）

第115条の22

①・② （略）

③ （前略）この場合において，同条第3項本文中「その工事を完了した後3月を超えて」とあるのは「自衛隊法第76条第2項若しくは武力攻撃事態等における我が国の平和と独立並びに国及び国民の安全の確保に関する法律（平成15年法律第79号）第9条第11項後段の規定による撤収を命ぜられ，又は自衛隊法第77条の2の規定による命令が解除された後においても」と，「その超えることとなる日前に，市町村長の許可」とあるのは「当該撤収の命令又は命令の解除があった後，速やかに市町村長に申請し，その許可」と読み替えるものとする。

③ （前略）**この場合において，同条第3項本文中「その工事を完了した後3月を超えて」とあるのは「自衛隊法第76条第2項若しくは武力攻撃事態等及び存立危機事態における我が国の平和と独立並びに国及び国民の安全の確保に関する法律**（中略）**第9条第11項後段の規定による撤収を命ぜられ，又は自衛隊法第77条の2の規定による命令が解除された後においても」と**（中略）**読み替えるものとする。**

（排他的経済水域及び大陸棚の保全及び利用の促進のための低潮線の保全及び拠点施設の整備等に関する法律の特例）

第115条の23

①　第76条第1項の規定により出動を命ぜられ，又は第77条の2の規定による措置を命ぜられた自衛隊の部隊等が排他的経済水域及び大陸棚の保全及び利用の促進のための低潮線の保全及び拠点施設の整備等に関する法律（平成22年法律第41号）第5条第1項又は第9条第1項の規定により許可を要する行為をしようとする場合における同法第6条第2項又は第9条第5項の規定の適用については，撤収を命ぜられ，又は第77条の2の規定による命令が解除されるまでの間は，同法第6条第2項中「「国土交通大臣の許可を受けなければ」とあるのは「国土交通大臣と協議しなければ」と，同条第2項中「許可の申請」とあるのは「協議」と，「その申請」とあるのは「その協議」と，「これを許可しては」とあるのは「その協議に応じては」」とあり，及び同法第9条第5項中「「国土交通大臣の許可を受けなければ」とあるのは「国土交通大臣と協議しなければ」と，前二項中「許可をしては」とあるのは「協議に応じては」」とあるのは，「「国土交通省令で定めるところにより，国土交通大臣の許可を受けなければ」とあるのは，「あらかじめ，その旨を国土交通大臣に通知しなければ」」とする。

①　第76条第1項（第一号に係る部分に限る。）の規定により出動を命ぜられ（中略）**た自衛隊の部隊等が排他的経済水域及び大陸棚の保全及び利用の促進のための低潮線の保全及び拠点施設の整備等に関する法律**（中略）**の規定により許可を要する行為をしようとする場合における同法第6条第2項**（中略）**の規定の適用については，**（中略）**「「国土交通大臣の許可を受けなければ」とあるのは「国土交通大臣と協議しなければ」**（中略）**」**（中略）**とする。**

②　（略）

（津波防災地域づくりに関する法律の特例）

第115条の24

①　第76条第1項の規定により出動を命ぜられ，又は第77条の2の規定による措置を命ぜられた自衛隊の部隊等が津波防災地域づくりに関する法律（平成23年法律第123号）第22条第1項又は第23条第1項の規定により許可を要する行為をしようとする場合における同法第25条の規定の適用については，撤収を命ぜられ，又は第77条の2の規定による命令が解除されるまでの間は，同法第25条中「国又は地方公共団体と津波防護施設管理者との協議が成立することをもって，これらの規定による許可があったものとみなす」とあるのは，「これらの規定にかかわらず，国があらかじめ津波防護施設管理者に当該行為をしようとする旨を通知することをもって足りる」とする。

①　第76条第1項（第一号に係る部分に限る。）の規定により出動を命ぜられ（中略）**た自衛隊の部隊等が津波防災地域づくりに関する法律**（中略）**の規定により許可を要する行為をしようとする場合における同法第25条の規定の適**

用については，（中略）「国又は地方公共団体と津波防護施設管理者との協議が成立することをもって，これらの規定による許可があったものとみなす」とあるのは，「これらの規定にかかわらず，国があらかじめ津波防護施設管理者に当該行為をしようとする旨を通知することをもって足りる」とする。

②　（略）

第122条

①　第76条第1項の規定による防衛出動命令を受けた者で，次の各号のいずれかに該当するものは，7年以下の懲役又は禁錮に処する。

一　第64条第2項の規定に違反した者

二　正当な理由がなくて職務の場所を離れ3日を過ぎた者又は職務の場所につくように命ぜられた日から正当な理由がなくて3日を過ぎてなお職務の場所につかない者

三　上官の職務上の命令に反抗し，又はこれに服従しない者

四　正当な権限がなくて又は上官の職務上の命令に違反して自衛隊の部隊を指揮した者

五　警戒勤務中，正当な理由がなくて勤務の場所を離れ，又は睡眠し，若しくは酩酊《めいてい》して職務を怠つた者

②　前項第二号若しくは第三号に規定する行為の遂行を教唆し，若しくはその幇《ほう》助をした者又は同項第一号若しくは第四号に規定する行為の遂行を共謀し，教唆し，若しくは煽《せん》動した者は，それぞれ同項の刑に処する。

【新設】

第122条の2

①　第119条第1項第七号及び第八号並びに前条第1項の罪は，日本国外においてこれらの罪を犯した者にも適用する。

②　第119条第2項の罪（同条第1項第七号又は第八号に規定する行為の遂行を共謀し，教唆し，又は煽動した者に係るものに限る。）及び前条第2項の罪は，刑法第2条の例に従う。

②　国際連合平和維持活動等に対する協力に関する法律

（平成4・6・19法79）（抄・法案2条関係）

第1章　総則（第1条―第3条）

第2章　国際平和協力本部（第4条・第5条）

第3章　国際平和協力業務（第6条―第24条）

第 3 章　国際平和協力業務等

【新設】

第 1 節　国際平和協力業務（第 6 条—第 26 条）

【新設】

第 2 節　自衛官の国際連合への派遣（第 27 条—第 29 条）

第 4 章　物資協力（第 25 条）

第 4 章　物資協力（第 30 条）

第 5 章　雑則（第 26 条・第 27 条）

第 5 章　雑則（第 31 条—第 34 条）

附則

（目的）

第１条

この法律は，国際連合平和維持活動，人道的な国際救援活動及び国際的な選挙監視活動に対し適切かつ迅速な協力を行うため，国際平和協力業務実施計画及び国際平和協力業務実施要領の策定手続，国際平和協力隊の設置等について定めることにより，国際平和協力業務の実施体制を整備するとともに，これらの活動に対する物資協力のための措置等を講じ，もって我が国が国際連合を中心とした国際平和のための努力に積極的に寄与することを目的とする。

この法律は，国際連合平和維持活動，国際連携平和安全活動，人道的な国際救援活動及び国際的な選挙監視活動に対し適切かつ迅速な協力を行うため，（中略）**国際平和協力業務の実施体制を整備するとともに，これらの活動に対する物資協力のための措置等を講じ，**（中略）**国際平和のための努力に積極的に寄与することを目的とする。**

（国際連合平和維持活動等に対する協力の基本原則）

第２条

①　政府は，この法律に基づく国際平和協力業務の実施，物資協力，これらについての国以外の者の協力等（以下「国際平和協力業務の実施等」という。）を適切に組み合わせるとともに，国際平和協力業務の実施等に携わる者の創意と知見を活用することにより，国際連合平和維持活動，人道的な国際救援活動及び国際的な選挙監視活動に効果的に協力するものとする。

①　政府は，（中略）**国際連合平和維持活動，国際連携平和安全活動，人道的な国際救援活動及び国際的な選挙監視活動に効果的に協力するものとする。**

②　国際平和協力業務の実施等は，武力による威嚇又は武力の行使に当たるものであってはならない。

③・④　（略）

（定義）

第３条

この法律において，次の各号に掲げる用語の意義は，それぞれ当該各号に定めるところによる。

一　国際連合平和維持活動　国際連合の総会又は安全保障理事会が行う決議に基づき，武力紛争の当事者（以下「紛争当事者」という。）間の武力紛争の再発の防止に関する合意の遵守の確保，武力紛争の終了後に行われる民主的な手段による統治組織の設立の援助その他紛争に対処して国際の平和及び安全を維持するために国際連合の統括の下に行われる活動であって，武力紛争の停止及びこれを維持するとの紛争当事者間の合意があり，かつ，当該活動が行われる地域の属する国及び紛争当事者の当該活動が行われることについての同意がある場合（武力紛争が発生していない場合においては，当該活動が行われる地域の属する国の当該同意がある場合）に，国際連合事務総長（以下「事務総長」という。）の要請に基づき参加する二以上の国及び国際連合によって，いずれの紛争当事者にも偏ることなく実施されるものをいう。

一　国際連合平和維持活動　（中略）**武力紛争の当事者**（中略）**間の武力紛争の再発の防止に関する合意の遵守の確保，紛争による混乱に伴う切迫した暴力の脅威からの住民の保護，武力紛争の終了後に行われる民主的な手段による統治組織の設立及び再建の援助その他紛争に対処して国際の平和及び安全を維持することを目的として，国際連合の統括の下に行われる活動であって，国際連合事務総長**（中略）**の要請に基づき参加する二以上の国及び国際連合によって実施されるもののうち，次に掲げるものをいう。**

【新設】

イ　武力紛争の停止及びこれを維持するとの紛争当事者間の合意があり，かつ，当該活動が行われる地域の属する国（当該国において国際連合の総会又は安全保障理事会が行う決議に従って施政を行う機関がある場合にあっては，当該機関。以下同じ。）及び紛争当事者の当該活動が行われることについての同意がある場合に，いずれの紛争当事者にも偏ることなく実施される活動

【新設】

ロ　武力紛争が終了して紛争当事者が当該活動が行われる地域に存在しなくなった場合において，当該活動が行われる地域の属する国の当該活動が行われることについての同意がある場合に実施される活動

【新設】

ハ　武力紛争がいまだ発生していない場合において，当該活動が行われる地

域の属する国の当該活動が行われることについての同意がある場合に，武力紛争の発生を未然に防止することを主要な目的として，特定の立場に偏ることなく実施される活動

【新設】

二　国際連携平和安全活動　国際連合の総会，安全保障理事会若しくは経済社会理事会が行う決議，別表第一に掲げる国際機関が行う要請又は当該活動が行われる地域の属する国の要請（国際連合憲章第７条１に規定する国際連合の主要機関のいずれかの支持を受けたものに限る。）に基づき，紛争当事者間の武力紛争の再発の防止に関する合意の遵守の確保，紛争による混乱に伴う切迫した暴力の脅威からの住民の保護，武力紛争の終了後に行われる民主的な手段による統治組織の設立及び再建の援助その他紛争に対処して国際の平和及び安全を維持することを目的として行われる活動であって，二以上の国の連携により実施されるもののうち，次に掲げるもの（国際連合平和維持活動として実施される活動を除く。）をいう。

イ　武力紛争の停止及びこれを維持するとの紛争当事者間の合意があり，かつ，当該活動が行われる地域の属する国及び紛争当事者の当該活動が行われることについての同意がある場合に，いずれの紛争当事者にも偏ることなく実施される活動

ロ　武力紛争が終了して紛争当事者が当該活動が行われる地域に存在しなくなった場合において，当該活動が行われる地域の属する国の当該活動が行われることについての同意がある場合に実施される活動

ハ　武力紛争がいまだ発生していない場合において，当該活動が行われる地域の属する国の当該活動が行われることについての同意がある場合に，武力紛争の発生を未然に防止することを主要な目的として，特定の立場に偏ることなく実施される活動

二　人道的な国際救援活動　国際連合の総会，安全保障理事会若しくは経済社会理事会が行う決議又は別表第一に掲げる国際機関が行う要請に基づき，国際の平和及び安全の維持を危うくするおそれのある紛争（以下単に「紛争」という。）によって被害を受け若しくは受けるおそれがある住民その他の者（以下「被災民」という。）の救援のために又は紛争によって生じた被害の復旧のために人道的精神に基づいて行われる活動であって，当該活動が行われる地域の属する国の当該活動が行われることについての同意があり，かつ，当該活動が行われる地域の属する国が紛争当事者である場合においては武力紛争の停止及びこれを維持するとの紛争当事者間の合意がある場合に，国際連合その他の国際機関又は国際連合加盟国その他の国（次号及び第四号において「国際連合等」という。）によって実施されるもの（国際連合

平和維持活動として実施される活動を除く。）をいう。

三　人道的な国際救援活動　（中略）**別表第二に掲げる国際機関が行う要請に基づき，**（中略）**国際連合その他の国際機関又は国際連合加盟国その他の国（次号及び第六号において「国際連合等」という。）によって実施されるもの（国際連合平和維持活動として実施される活動及び国際連携平和安全活動として実施される活動を除く。）をいう。**

二の二　国際的な選挙監視活動　国際連合の総会若しくは安全保障理事会が行う決議又は別表第二に掲げる国際機関が行う要請に基づき，紛争によって混乱を生じた地域における民主的な手段による統治組織の設立を目的とする選挙又は投票の公正な執行を確保するために行われる活動であって，当該活動が行われる地域の属する国の当該活動が行われることについての同意があり，かつ，当該活動が行われる地域の属する国が紛争当事者である場合においては武力紛争の停止及びこれを維持するとの紛争当事者間の合意がある場合に，国際連合等によって実施されるもの（国際連合平和維持活動として実施される活動を除く。）をいう。

四　国際的な選挙監視活動　（中略）**別表第三に掲げる国際機関が行う要請に基づき，紛争によって混乱を生じた地域において民主的な手段により統治組織を設立しその他その混乱を解消する過程で行われる選挙又は投票の公正な執行を確保するために行われる活動であって，**（中略）**国際連合等によって実施されるもの（国際連合平和維持活動として実施される活動及び国際連携平和安全活動として実施される活動を除く。）をいう。**

三　国際平和協力業務　国際連合平和維持活動のために実施される業務で次に掲げるもの，人道的な国際救援活動のために実施される業務で次のヌからレまでに掲げるもの及び国際的な選挙監視活動のために実施される業務で次のト及びレに掲げるもの（これらの業務にそれぞれ附帯する業務を含む。以下同じ。）であって，海外で行われるものをいう。

五　国際平和協力業務　国際連合平和維持活動のために実施される業務で次に掲げるもの，国際連携平和安全活動のために実施される業務で次に掲げるもの，人道的な国際救援活動のために実施される業務で次のワからツまで，ナ及びラに掲げるもの並びに国際的な選挙監視活動のために実施される業務で次のチ及びナに掲げるもの（中略）**であって，海外で行われるものをいう。**

イ・ロ　（略）

ハ　車両その他の運搬手段又は通行人による武器（武器の部品を含む。ニにおいて同じ。）の搬入又は搬出の有無の検査又は確認

ハ　（前略）**武器（武器の部品及び弾薬を含む。**（中略）**）の搬入又は搬出の有無の検査又は確認**

ニ～ヘ　（略）

【新設】

ト　防護を必要とする住民，被災民その他の者の生命，身体及び財産に対する危害の防止及び抑止その他特定の区域の保安のための監視，駐留，巡回，検問及び警護

ト・チ　（略）

チ・リ　（略）

【新設】

ヌ　矯正行政事務に関する助言若しくは指導又は矯正行政事務の監視

リ　チに掲げるもののほか，行政事務に関する助言又は指導

ル　リ及びヌに掲げるもののほか，立法，行政（ヲに規定する組織に係るものを除く。）又は司法に関する事務に関する助言又は指導

【新設】

ヲ　国の防衛に関する組織その他のイからトまで又はワからネまでに掲げるものと同種の業務を行う組織の設立又は再建を援助するための次に掲げる業務

(1)　イからトまで又はワからネまでに掲げるものと同種の業務に関する助言又は指導

(2)　(1)に規定する業務の実施に必要な基礎的な知識及び技能を修得させるための教育訓練

ヌ～ヨ　（略）

ワ～ソ　（略）

タ　イからヨまでに掲げるもののほか，輸送，保管（備蓄を含む。），通信，建設又は機械器具の据付け，検査若しくは修理

ツ　イからソまでに掲げるもののほか，（中略）建設，機械器具の据付け，検査若しくは修理又は補給（武器の提供を行う補給を除く。）

【新設】

ネ　国際連合平和維持活動又は国際連携平和安全活動を統括し，又は調整する組織において行うイからツまでに掲げる業務の実施に必要な企画及び立案並びに調整又は情報の収集整理

レ　イからタまでに掲げる業務に類するものとして政令で定める業務

ナ　イからネまでに掲げる業務に類するものとして政令で定める業務

【新設】

ラ　ヲからネまでに掲げる業務又はこれらの業務に類するものとしてナの政令で定める業務を行う場合であって，国際連合平和維持活動，国際連携平

和安全活動若しくは人道的な国際救援活動に従事する者又はこれらの活動を支援する者（以下このラ及び第26条第2項において「活動関係者」という。）の生命又は身体に対する不測の侵害又は危難が生じ，又は生ずるおそれがある場合に，緊急の要請に対応して行う当該活動関係者の生命及び身体の保護

四　物資協力　次に掲げる活動を行っている国際連合等に対して，その活動に必要な物品を無償又は時価よりも低い対価で譲渡することをいう。

六　（略）

イ　国際連合平和維持活動

【新設】

ロ　国際連携平和安全活動

ロ　人道的な国際救援活動（別表第三に掲げる国際機関によって実施される場合にあっては，第二号に規定する合意が存在しない場合における同号に規定する活動を含むものとする。第25条第1項及び第3項において同じ。）

ハ　人道的な国際救援活動（別表第四に掲げる国際機関によって実施される場合にあっては，第三号に規定する決議若しくは要請又は合意が存在しない場合における同号に規定する活動を含むものとする。第30条第1項及び第3項において同じ。）

ハ　国際的な選挙監視活動

ニ　（略）

五～七　（略）

七～九　（略）

第3章　国際平和協力業務

第3章　国際平和協力業務等

【新設】

第1節　国際平和協力業務

（実施計画）

第6条

①　内閣総理大臣は，我が国として国際平和協力業務を実施することが適当であると認める場合であって，次に掲げる同意があるときは，国際平和協力業務を実施すること及び実施計画の案につき閣議の決定を求めなければならない。

①　内閣総理大臣は，我が国として国際平和協力業務を実施することが適当であると認める場合であって，次に掲げる同意があるとき（国際連合平和維持活動又は国際連携平和安全活動のために実施する国際平和協力業務であって第3

条第五号トに掲げるもの若しくはこれに類するものとして同号ナの政令で定めるもの又は同号ラに掲げるものを実施する場合にあっては，同条第一号イからハまで又は第二号イからハまでに規定する同意及び第一号又は第二号に掲げる同意が当該活動及び当該業務が行われる期間を通じて安定的に維持されると認められるときに限り，人道的な国際救援活動のために実施する国際平和協力業務であって同条第五号ラに掲げるものを実施する場合にあっては，同条第三号に規定する同意及び第三号に掲げる同意が当該活動及び当該業務が行われる期間を通じて安定的に維持され，並びに当該活動が行われる地域の属する国が紛争当事者であるときは，紛争当事者の当該活動及び当該業務が行われることについての同意があり，かつ，その同意が当該活動及び当該業務が行われる期間を通じて安定的に維持されると認められるときに限る。）は，国際平和協力業務を実施すること及び実施計画の案につき閣議の決定を求めなければならない。

一　国際連合平和維持活動のために実施する国際平和協力業務については，紛争当事者及び当該活動が行われる地域の属する国の当該業務の実施についての同意

一　（前略）（第３条第一号ロ又はハに該当する活動にあっては，当該活動が行われる地域の属する国の当該業務の実施についての同意（同号ハに該当する活動にあっては，当該地域において当該業務の実施に支障となる明確な反対の意思を示す者がいない場合に限る。））

【新設】

二　国際連携平和安全活動のために実施する国際平和協力業務については，紛争当事者及び当該活動が行われる地域の属する国の当該業務の実施についての同意（第３条第二号ロ又はハに該当する活動にあっては，当該活動が行われる地域の属する国の当該業務の実施についての同意（同号ハに該当する活動にあっては，当該地域において当該業務の実施に支障となる明確な反対の意思を示す者がいない場合に限る。））

二・三　（略）

三・四　（略）

②　実施計画に定める事項は，次のとおりとする。

一　（略）

二　協力隊の設置その他当該国際平和協力業務の実施に関する次に掲げる事項

イ～ホ　（略）

ヘ　第20条第１項の規定に基づき海上保安庁長官又は防衛大臣に委託することができる輸送の範囲

ヘ　第21条第１項の規定に基づき（中略）委託することができる輸送の範囲

ト・チ　（略）

③　（略）

④　第2項第二号に掲げる装備は，第2条第2項及び第3条第一号から第二号の二までの規定の趣旨に照らし，この章の規定を実施するのに必要な範囲内で実施計画に定めるものとする。この場合において，国際連合平和維持活動のために実施する国際平和協力業務に係る装備は，事務総長が必要と認める限度で定めるものとする。

④　第2項第二号に掲げる装備は，（中略）**第3条第一号から第四号までの規定の趣旨に照らし，この節の規定を実施するのに必要な範囲内で実施計画に定めるものとする。**（後略）

⑤　海上保安庁の船舶又は航空機を用いて行われる国際平和協力業務は，第3条第三号トからタまでに掲げる業務又はこれらの業務に類するものとして同号レの政令で定める業務であって，海上保安庁法（昭和23年法律第28号）第25条の趣旨にかんがみ海上保安庁の船舶又は航空機を用いて行うことが適当であると認められるもののうちから，海上保安庁の任務遂行に支障を生じない限度において，実施計画に定めるものとする。

⑤　海上保安庁の船舶又は航空機を用いて行われる国際平和協力業務は，第3条第五号リ若しくはルに掲げる業務（海上保安庁法（昭和23年法律第28号）第5条に規定する事務に係るものに限る。），同号ワからツまでに掲げる業務（中略）**として同号ナの政令で定める業務であって，同法第25条の趣旨に鑑み**（中略），**実施計画に定めるものとする。**

⑥　自衛隊の部隊等が行う国際平和協力業務は，第3条第三号イからヘまでに掲げる業務，同号ヌからタまでに掲げる業務又はこれらの業務に類するものとして同号レの政令で定める業務であって自衛隊の部隊等が行うことが適当であると認められるもののうちから，自衛隊の主たる任務の遂行に支障を生じない限度において，実施計画に定めるものとする。

⑥　自衛隊の部隊等が行う国際平和協力業務は，第3条第五号イからトまでに掲げる業務，同号ヲからネまでに掲げる業務，これらの業務に類するものとして同号ナの政令で定める業務又は同号ラに掲げる業務であって（中略），**実施計画に定めるものとする。**

⑦　自衛隊の部隊等が行う国際平和協力業務であって第3条第三号イからヘまでに掲げるもの又はこれらの業務に類するものとして同号レの政令で定めるものについては，内閣総理大臣は，当該国際平和協力業務に従事する自衛隊の部隊等の海外への派遣の開始前に，我が国として国際連合平和維持隊に参加するに際しての基本的な5つの原則（第3条第一号，本条第1項第一号及び第13項第一号，第8条第1項第六号並びに第24条の規定の趣旨をいう。）及びこの法律の目的に照らし，当該国際平和協力業

務を実施することにつき国会の承認を得なければならない。ただし，国会が閉会中の場合又は衆議院が解散されている場合には，当該国際平和協力業務に従事する自衛隊の部隊等の海外への派遣の開始後最初に召集される国会において，遅滞なく，その承認を求めなければならない。

⑦　自衛隊の部隊等が行う国際連合平和維持活動又は国際連携平和安全活動のために実施される国際平和協力業務であって第3条第五号イからトまでに掲げるもの又はこれらの業務に類するものとして同号ナの政令で定めるものについては，（中略）**我が国として国際連合平和維持隊に参加し，又は他国と連携して国際連携平和安全活動を実施するに際しての基本的な5つの原則**（**第3条第一号及び第二号，本条第1項**（**第三号及び第四号を除く。**）**及び第13項**（**第一号から第六号まで，第九号及び第十号に係る部分に限る。**），**第8条第1項第六号及び第七号，第25条並びに第26条の規定の趣旨をいう。**）**及びこの法律の目的に照らし，当該国際平和協力業務を実施することにつき，実施計画を添えて国会の承認を得なければならない。**（後略）

⑧・⑨　（略）

⑩　第7項の国際平和協力業務については，同項の規定による国会の承認を得た日から2年を経過する日を超えて引き続きこれを行おうとするときは，内閣総理大臣は，当該日の30日前の日から当該日までの間に，当該国際平和協力業務を引き続き行うことにつき国会に付議して，その承認を求めなければならない。ただし，国会が閉会中の場合又は衆議院が解散されている場合には，その後最初に召集される国会においてその承認を求めなければならない。

⑩　第7項の国際平和協力業務については，（中略）**引き続きこれを行おうとするときは，**（中略）**当該国際平和協力業務を引き続き行うことにつき，実施計画を添えて国会に付議して，その承認を求めなければならない。**（後略）

⑪・⑫　（略）

⑬　第1項（各号を除く。）及び第3項の規定は，実施計画の変更（次に掲げる場合に行うべき国際平和協力業務に従事する者の海外への派遣の終了に係る変更を含む。）について準用する。この場合において，第1項中「適当であると認める場合であって，次に掲げる同意があるとき」とあり，及び第3項中「適当であると認めるとき」とあるのは，「必要であると認めるとき，又は適当であると認めるとき」と読み替えるものとする。

⑬　内閣総理大臣は，実施計画の変更（**第一号から第八号までに掲げる場合に行うべき国際平和協力業務に従事する者の海外への派遣の終了及び第九号から第十一号までに掲げる場合に行うべき当該各号に規定する業務の終了に係る変更を含む。次項において同じ。**）**をすることが必要であると認めるとき，又は**

適当であると認めるときは，実施計画の変更の案につき閣議の決定を求めなければならない。

一　国際連合平和維持活動のために実施する国際平和協力業務については，第３条第一号に規定する合意若しくは同意若しくは第１項第一号に規定する同意が存在しなくなったと認められる場合又は当該活動がいずれの紛争当事者にも偏ることなく実施されなくなったと認められる場合

一　国際連合平和維持活動（第３条第一号イに該当するものに限る。）のために実施する国際平和協力業務については，同号イに規定する合意若しくは同意若しくは第１項第一号に掲げる同意が存在しなくなったと認められる場合（後略）

【新設】

二　国際連合平和維持活動（第３条第一号ロに該当するものに限る。）のために実施する国際平和協力業務については，同号ロに規定する同意若しくは第１項第一号に掲げる同意が存在しなくなったと認められる場合又は紛争当事者が当該活動が行われる地域に存在すると認められる場合

【新設】

三　国際連合平和維持活動（第３条第一号ハに該当するものに限る。）のために実施する国際平和協力業務については，同号ハに規定する同意若しくは第１項第一号に掲げる同意が存在しなくなったと認められる場合，当該活動が特定の立場に偏ることなく実施されなくなったと認められる場合又は武力紛争の発生を防止することが困難となった場合

【新設】

四　国際連携平和安全活動（第３条第二号イに該当するものに限る。）のために実施する国際平和協力業務については，同号イに規定する合意若しくは同意若しくは第１項第二号に掲げる同意が存在しなくなったと認められる場合又は当該活動がいずれの紛争当事者にも偏ることなく実施されなくなったと認められる場合

【新設】

五　国際連携平和安全活動（第３条第二号ロに該当するものに限る。）のために実施する国際平和協力業務については，同号ロに規定する同意若しくは第１項第二号に掲げる同意が存在しなくなったと認められる場合又は紛争当事者が当該活動が行われる地域に存在すると認められる場合

【新設】

六　国際連携平和安全活動（第３条第二号ハに該当するものに限る。）のために実施する国際平和協力業務については，同号ハに規定する同意若しくは第

1項第二号に掲げる同意が存在しなくなったと認められる場合，当該活動が特定の立場に偏ることなく実施されなくなったと認められる場合又は武力紛争の発生を防止することが困難となった場合

二　人道的な国際救援活動のために実施する国際平和協力業務については，第3条第二号に規定する同意若しくは合意又は第1項第二号に規定する同意が存在しなくなったと認められる場合

七　（前略）第3条第三号に規定する同意若しくは合意又は第1項第三号に掲げる同意が存在しなくなったと認められる場合

三　国際的な選挙監視活動のために実施する国際平和協力業務については，第3条第二号の二に規定する同意若しくは合意又は第1項第三号に規定する同意が存在しなくなったと認められる場合

八　（前略）第3条第四号に規定する同意若しくは合意又は第1項第四号に掲げる同意が存在しなくなったと認められる場合

【新設】

九　国際連合平和維持活動のために実施する国際平和協力業務であって第3条第五号トに掲げるもの若しくはこれに類するものとして同号ナの政令で定めるもの又は同号ラに掲げるものについては，同条第一号イに規定する合意の遵守の状況その他の事情を勘案して，同号イからハまでに規定する同意又は第1項第一号に掲げる同意が当該活動及び当該業務が行われる期間を通じて安定的に維持されると認められなくなった場合

【新設】

十　国際連携平和安全活動のために実施する国際平和協力業務であって第3条第五号トに掲げるもの若しくはこれに類するものとして同号ナの政令で定めるもの又は同号ラに掲げるものについては，同条第二号イに規定する合意の遵守の状況その他の事情を勘案して，同号イからハまでに規定する同意又は第1項第二号に掲げる同意が当該活動及び当該業務が行われる期間を通じて安定的に維持されると認められなくなった場合

【新設】

十一　人道的な国際救援活動のために実施する国際平和協力業務であって第3条第五号ラに掲げるものについては，同条第三号に規定する合意がある場合におけるその遵守の状況その他の事情を勘案して，同号に規定する同意若しくは第1項第三号に掲げる同意又は当該活動が行われる地域の属する国が紛争当事者である場合における紛争当事者の当該活動若しくは当該業務が行われることについての同意が当該活動及び当該業務が行われる期間を通じて安定的に維持されると認められなくなった場合

【新設】

⑭　外務大臣は，実施計画の変更をすることが必要であると認めるとき，又は適当であると認めるときは，内閣総理大臣に対し，前項の閣議の決定を求めるよう要請することができる。

（実施要領）

第８条

①　本部長は，実施計画に従い，国際平和協力業務を実施するため，次の第一号から第五号までに掲げる事項についての具体的内容並びに第六号及び第七号に掲げる事項を定める実施要領を作成し，及び必要に応じこれを変更するものとする。

①　本部長は，（中略）**次の第一号から第五号までに掲げる事項についての具体的内容及び第六号から第九号までに掲げる事項を定める実施要領を作成し，**（中略）**変更するものとする。**

一～五　（略）

六　第６条第13項各号に掲げる場合において国際平和協力業務に従事する者が行うべき国際平和協力業務の中断に関する事項

六　第６条第13項第一号から第八号までに掲げる場合において（中略）**国際平和協力業務の中断に関する事項**

【新設】

七　第６条第13項第九号から第十一号までに掲げる場合において第３条第五号トに掲げる業務若しくはこれに類するものとして同号ナの政令で定める業務又は同号ラに掲げる業務に従事する者が行うべき当該業務の中断に関する事項

【新設】

八　危険を回避するための国際平和協力業務の一時休止その他の協力隊の隊員の安全を確保するための措置に関する事項

七　その他本部長が当該国際平和協力業務の実施のために必要と認める事項

九　（略）

②　実施要領の作成及び変更は，国際連合平和維持活動として実施される国際平和協力業務に関しては，前項第六号に掲げる事項に関し本部長が必要と認める場合を除き，事務総長又は派遣先国において事務総長の権限を行使する者が行う指図に適合するように行うものとする。

②　実施要領の作成及び変更は，（中略）**前項第六号及び第七号に掲げる事項に関し本部長が必要と認める場合を除き，**（中略）**権限を行使する者が行う指図に適合するように行うものとする。**

③　（略）

【新設】
（隊員の安全の確保等）
第10条
本部長は，国際平和協力業務の実施に当たっては，その円滑かつ効果的な推進に努めるとともに，協力隊の隊員（以下「隊員」という。）の安全の確保に配慮しなければならない。

（協力隊の隊員の任免）
第10条
本部長は，協力隊の隊員（以下「隊員」という。）の任免を行う。
（隊員の任免）
第11条
本部長は，隊員の任免を行う。

（隊員の採用）
第11条
第12条
①　本部長は，第3条第三号トからタまでに掲げる業務又はこれらの業務に類するものとして同号レの政令で定める業務に係る国際平和協力業務に従事させるため，当該国際平和協力業務に従事することを志望する者のうちから，選考により，任期を定めて隊員を採用することができる。
①　本部長は，第3条第五号ニ若しくはチからネまでに掲げる業務又はこれらの業務に類するものとして同号ナの政令で定める業務に係る国際平和協力業務に従事させるため，（中略）**任期を定めて隊員を採用することができる。**
②　（略）

（関係行政機関の職員の協力隊への派遣）
第12条
第13条
①　本部長は，関係行政機関の長に対し，実施計画に従い，国際平和協力業務であって協力隊が行うものを実施するため必要な技術，能力等を有する職員（国家公務員法（昭和22年法律第120号）第2条第3項各号（第十六号を除く。）に掲げる者を除く。）を協力隊に派遣するよう要請することができる。ただし，第3条第三号イからへまでに掲げる業務及びこれらの業務に類するものとして同号レの政令で定める業務に係る国際平和協力業務については，自衛隊員以外の者の派遣を要請することはできない。
①　本部長は，関係行政機関の長に対し，（中略）**国際平和協力業務（第3条第五号ラに掲げる業務を除く。）**（中略）**を実施するため**（中略）**職員**（中略）**を協力隊に派遣するよう要請することができる。ただし，第3条第五号イから**

ハまで及びホからトまでに掲げる業務並びに（中略）**同号ナの政令で定める業務**（中略）**については自衛隊員以外の者の派遣を要請することはできず，同号チに掲げる業務及びこれに類するものとして同号ナの政令で定める業務に係る国際平和協力業務については自衛隊員の派遣を要請することはできない。**

②～⑦　（略）

⑧　第4項の規定により隊員の身分及び自衛隊員の身分を併せ有することとなる者に対する給与等（第16条に規定する国際平和協力手当以外の給与，災害補償及び退職手当並びに共済組合の制度をいう。）に関する法令の適用については，その者は，自衛隊のみに所属するものとみなす。

⑧　（前略）**隊員の身分及び自衛隊員の身分を併せ有することとなる者に対する給与等（第17条に規定する国際平和協力手当以外の給与**（中略）**）に関する法令の適用については，その者は，自衛隊のみに所属するものとみなす。**

⑨　（略）

第13条　（略）

第14条　（略）

（国家公務員法の適用除外）

第14条

第15条

第11条第1項の規定により採用される隊員については，隊員になる前に，国家公務員法第103条第1項に規定する営利企業（以下この条において「営利企業」という。）を営むことを目的とする団体の役員，顧問若しくは評議員（以下この条において「役員等」という。）の職に就き，若しくは自ら営利企業を営み，又は報酬を得て，営利企業以外の事業の団体の役員等の職に就き，若しくは事業に従事し，若しくは事務を行っていた場合においても，同項及び同法第104条の規定は，適用しない。

第12条第1項の規定により採用される隊員については，（中略）**国家公務員法第103条第1項**（中略）**及び同法第104条の規定は，適用しない。**

（研修）

第15条　（略）

第16条　（略）

（国際平和協力手当）

第16条

第17条

①　国際平和協力業務に従事する者には，国際平和協力業務が行われる派遣先国の勤務環境及び国際平和協力業務の特質にかんがみ，国際平和協力手当を支給することができる。

① （前略）**国際平和協力業務の特質に鑑み，国際平和協力手当を支給することができる。**

②・③　（略）

第17条～第19条　（略）

第18条～第20条　（略）

（輸送の委託）

第20条

第21条

①　本部長は，実施計画に基づき，海上保安庁長官又は防衛大臣に対し，第3条第三号ルに規定する国際平和協力業務の実施のための船舶若しくは航空機による被災民の輸送又は同号ヌからヨまでに規定する国際平和協力業務の実施のための船舶若しくは航空機による物品の輸送（派遣先国の国内の地域間及び一の派遣先国と隣接する他の派遣先国との間で行われる被災民の輸送又は物品の輸送を除く。）を委託することができる。

①　本部長は，（中略）**第3条第五号カに規定する**（中略）**被災民の輸送又は同号ワからソまでに規定する**（中略）**物品の輸送**（中略）**を委託することができる。**

②・③　（略）

（関係行政機関の協力）

第21条　（略）

第22条　（略）

（小型武器の保有及び貸与）

第22条

本部は，隊員の安全保持のために必要な政令で定める種類の小型武器を保有することができる。

第23条　（略）

第23条

第24条

①　本部長は，第9条第1項の規定により協力隊が派遣先国において行う国際平和協力業務に隊員を従事させるに当たり，現地の治安の状況等を勘案して特に必要と認める場合には，当該隊員が派遣先国に滞在する間，前条の小型武器であって第6条第2項第二号ハ及び第4項の規定により実施計画に定める装備であるものを当該隊員に貸与することができる。

①　本部長は，（中略）**国際平和協力業務（第3条第五号チに掲げる業務及びこれに類するものとして同号ナの政令で定める業務を除く。）に隊員を従事さ**

せるに当たり，（中略）**実施計画に定める装備であるものを当該隊員に貸与することができる。**

②・③　（略）

（武器の使用）

第24条

第25条

①　前条第1項の規定により小型武器の貸与を受け，派遣先国において国際平和協力業務に従事する隊員は，自己又は自己と共に現場に所在する他の隊員若しくはその職務を行うに伴い自己の管理の下に入った者の生命又は身体を防衛するためやむを得ない必要があると認める相当の理由がある場合には，その事態に応じ合理的に必要と判断される限度で，当該小型武器を使用することができる。

①　（前略）**小型武器の貸与を受け，派遣先国において国際平和協力業務に従事する隊員は，**（中略）**生命又は身体を防護するためやむを得ない必要があると認める相当の理由がある場合には，**（中略）**当該小型武器を使用することができる。**

②　第9条第5項の規定により派遣先国において国際平和協力業務に従事する海上保安官又は海上保安官補（以下この条において「海上保安官等」という。）は，自己又は自己と共に現場に所在する他の海上保安庁の職員，隊員若しくはその職務を行うに伴い自己の管理の下に入った者の生命又は身体を防衛するためやむを得ない必要があると認める相当の理由がある場合には，その事態に応じ合理的に必要と判断される限度で，第6条第2項第二号ニ(2)及び第4項の規定により実施計画に定める装備である第22条の政令で定める種類の小型武器で，当該海上保安官等が携帯するものを使用することができる。

②　（前略）**国際平和協力業務に従事する海上保安官又は海上保安官補**（中略）**は，**（中略）**生命又は身体を防護するためやむを得ない必要があると認める相当の理由がある場合には，**（中略）**実施計画に定める装備である第23条の政令で定める種類の小型武器**（中略）**を使用することができる。**

③　第9条第5項の規定により派遣先国において国際平和協力業務に従事する自衛官は，自己又は自己と共に現場に所在する他の自衛隊員，隊員若しくはその職務を行うに伴い自己の管理の下に入った者の生命又は身体を防衛するためやむを得ない必要があると認める相当の理由がある場合には，その事態に応じ合理的に必要と判断される限度で，第6条第2項第二号ホ(2)及び第4項の規定により実施計画に定める装備である武器を使用することができる。

③　（前略）**国際平和協力業務に従事する自衛官は，**（中略）**生命又は身体を防護するためやむを得ない必要があると認める相当の理由がある場合には，**（中

略）実施計画に定める装備である武器を使用することができる。

④～⑥（略）

【新設】

⑦　第9条第5項の規定により派遣先国において国際平和協力業務に従事する自衛官は，その宿営する宿営地（宿営のために使用する区域であって，囲障が設置されることにより他と区別されるものをいう。以下この項において同じ。）であって当該国際平和協力業務に係る国際連合平和維持活動，国際連携平和安全活動又は人道的な国際救援活動に従事する外国の軍隊の部隊の要員が共に宿営するものに対する攻撃があったときは，当該宿営地に所在する者の生命又は身体を防護するための措置をとる当該要員と共同して，第3項の規定による武器の使用をすることができる。この場合において，同項から第5項までの規定の適用については，第3項中「現場に所在する他の自衛隊員，隊員若しくはその職務を行うに伴い自己の管理の下に入った者」とあるのは「その宿営する宿営地（第7項に規定する宿営地をいう。次項及び第5項において同じ。）に所在する者」と，「その事態」とあるのは「第7項に規定する外国の軍隊の部隊の要員による措置の状況をも踏まえ，その事態」と，第4項及び第5項中「現場」とあるのは「宿営地」とする。

⑦・⑧（略）

⑧・⑨（略）

⑨　第1項の規定は第8条第1項第六号に規定する国際平和協力業務の中断（以下この項において「業務の中断」という。）がある場合における当該国際平和協力業務に係る隊員について，第2項及び第7項の規定は業務の中断がある場合における当該国際平和協力業務に係る海上保安官等について，第3項及び前項の規定は業務の中断がある場合における当該国際平和協力業務に係る自衛官について，第4項及び第5項の規定はこの項において準用する第2項及び第3項の規定による小型武器又は武器の使用について，第6項の規定はこの項において準用する第1項から第3項までの規定による小型武器又は武器の使用について準用する。

⑩　第1項の規定は（中略）国際平和協力業務の中断（中略）がある場合における（中略）隊員について，第2項及び第8項の規定は（中略）海上保安官等について，第3項，第7項及び前項の規定は（中略）自衛官について，第4項及び第5項の規定はこの項において準用する第2項の規定及びこの項において準用する第3項（第7項の規定により読み替えて適用する場合を含む。）の規定による小型武器又は武器の使用について，第6項の規定はこの項において準用する第1項及び第2項の規定並びにこの項において準用する第3項（第7項の規定により読み替えて適用する場合を含む。）の規定による小型武器又は武

器の使用について，それぞれ準用する。
【新設】
第26条
① 前条第3項（同条第7項の規定により読み替えて適用する場合を含む。）に規定するもののほか，第9条第5項の規定により派遣先国において国際平和協力業務であって第3条第五号トに掲げるもの又はこれに類するものとして同号ナの政令で定めるものに従事する自衛官は，その業務を行うに際し，自己若しくは他人の生命，身体若しくは財産を防護し，又はその業務を妨害する行為を排除するためやむを得ない必要があると認める相当の理由がある場合には，その事態に応じ合理的に必要と判断される限度で，第6条第2項第二号ホ(2)及び第4項の規定により実施計画に定める装備である武器を使用することができる。
② 前条第3項（同条第7項の規定により読み替えて適用する場合を含む。）に規定するもののほか，第9条第5項の規定により派遣先国において国際平和協力業務であって第3条第五号ラに掲げるものに従事する自衛官は，その業務を行うに際し，自己又はその保護しようとする活動関係者の生命又は身体を防護するためやむを得ない必要があると認める相当の理由がある場合には，その事態に応じ合理的に必要と判断される限度で，第6条第2項第二号ホ(2)及び第4項の規定により実施計画に定める装備である武器を使用することができる。
③ 前二項の規定による武器の使用に際しては，刑法第36条又は第37条の規定に該当する場合を除いては，人に危害を与えてはならない。
④ 自衛隊法第89条第2項の規定は，第1項又は第2項の規定により自衛官が武器を使用する場合について準用する。

【新設】
第2節　自衛官の国際連合への派遣

【新設】
（自衛官の派遣）
第27条
① 防衛大臣は，国際連合の要請に応じ，国際連合の業務であって，国際連合平和維持活動に参加する自衛隊の部隊等又は外国の軍隊の部隊により実施される業務の統括に関するものに従事させるため，内閣総理大臣の同意を得て，自衛官を派遣することができる。
② 内閣総理大臣は，前項の規定により派遣される自衛官が従事することとなる業務に係る国際連合平和維持活動が行われることについての第3条第一号イからハまでに規定する同意が当該派遣の期間を通じて安定的に維持されると認

められ，かつ，当該派遣を中断する事情が生ずる見込みがないと認められる場合に限り，当該派遣について同項の同意をするものとする。

③　防衛大臣は，第1項の規定により自衛官を派遣する場合には，当該自衛官の同意を得なければならない。

【新設】

（身分及び処遇）

第28条

前条第1項の規定により派遣された自衛官の身分及び処遇については，国際機関等に派遣される防衛省の職員の処遇等に関する法律（平成7年法律第122号）第3条から第14条までの規定を準用する。

【新設】

（小型武器の無償貸付け）

第29条

防衛大臣又はその委任を受けた者は，第27条第1項の規定により派遣された自衛官の活動の用に供するため，国際連合から小型武器の無償貸付けを求める旨の申出があった場合において，当該活動の円滑な実施に必要であると認めるときは，当該申出に係る小型武器を国際連合に対し無償で貸し付けることができる。

第4章　物資協力

（物資協力）

現第25条見出し【削除】

第25条

第30条

①　政府は，国際連合平和維持活動，人道的な国際救援活動又は国際的な選挙監視活動に協力するため適当と認めるときは，物資協力を行うことができる。

①　政府は，国際連合平和維持活動，国際連携平和安全活動（中略）**に協力するため**（中略），**物資協力を行うことができる。**

②　（略）

③　外務大臣は，国際連合平和維持活動，人道的な国際救援活動又は国際的な選挙監視活動に協力するため適当と認めるときは，内閣総理大臣に対し，物資協力につき閣議の決定を求めるよう要請することができる。

③　外務大臣は，国際連合平和維持活動，国際連携平和安全活動（中略）**に協力するため**（中略），**物資協力につき閣議の決定を求めるよう要請することができる。**

④・⑤　（略）

第５章　雑則

（民間の協力等）

第26条

第31条

① 本部長は，第３章の規定による措置によっては国際平和協力業務を十分に実施することができないと認めるとき，又は物資協力に関し必要があると認めるときは，関係行政機関の長の協力を得て，物品の譲渡若しくは貸付け又は役務の提供について国以外の者に協力を求めることができる。

① 本部長は，第３章第１節の規定による措置によっては国際平和協力業務を十分に実施することができないと認めるとき，（中略）**国以外の者に協力を求めることができる。**

② （略）

【新設】

（請求権の放棄）

第32条

政府は，国際連合平和維持活動，国際連携平和安全活動，人道的な国際救援活動又は国際的な選挙監視活動に参加するに際して，国際連合若しくは別表第一から別表第三までに掲げる国際機関又はこれらの活動に参加する国際連合加盟国その他の国（以下この条において「活動参加国等」という。）から，これらの活動に起因する損害についての請求権を相互に放棄することを約することを求められた場合において，我が国がこれらの活動に参加する上でこれに応じることが必要と認めるときは，これらの活動に起因する損害についての活動参加国等及びその要員に対する我が国の請求権を放棄することを約することができる。

【新設】

（大規模な災害に対処する合衆国軍隊等に対する物品又は役務の提供）

第33条

① 防衛大臣又はその委任を受けた者は，防衛大臣が自衛隊の部隊等に第９条第４項の規定に基づき国際平和協力業務を行わせる場合又は第21条第１項の規定による委託に基づく輸送を実施させる場合において，これらの活動を実施する自衛隊の部隊等と共に当該活動が行われる地域に所在して，次に掲げる活動であって当該国際平和協力業務又は当該輸送に係る国際連合平和維持活動，国際連携平和安全活動又は人道的な国際救援活動を補完し，又は支援すると認められるものを行うアメリカ合衆国又はオーストラリアの軍隊（以下この条において「合衆国軍隊等」という。）から，当該地域において講ずべき応急の措

置に必要な物品の提供に係る要請があったときは，当該国際平和協力業務又は当該輸送の実施に支障を生じない限度において，当該合衆国軍隊等に対し，自衛隊に属する物品の提供を実施することができる。

一　派遣先国において発生し，又は正に発生しようとしている大規模な災害に係る救助活動，医療活動（防疫活動を含む。）その他の災害応急対策及び災害復旧のための活動

二　前号に掲げる活動を行う人員又は当該活動に必要な機材その他の物資の輸送

②　防衛大臣は，合衆国軍隊等から，前項の地域において講ずべき応急の措置に必要な役務の提供に係る要請があった場合には，当該国際平和協力業務又は当該輸送の実施に支障を生じない限度において，当該自衛隊の部隊等に，当該合衆国軍隊等に対する役務の提供を行わせることができる。

③　前二項の規定による自衛隊に属する物品の提供及び自衛隊の部隊等による役務の提供として行う業務は，補給，輸送，修理若しくは整備，医療，通信，空港若しくは港湾に関する業務，基地に関する業務，宿泊，保管又は施設の利用（これらの業務にそれぞれ附帯する業務を含む。）とする。

④　第1項に規定する物品の提供には，武器の提供は含まないものとする。

（政令への委任）

第27条　（略）

第34条　（略）

【新設】

別表第一（第3条，第32条関係）

一　国際連合

二　国際連合の総会によって設立された機関又は国際連合の専門機関で，国際連合難民高等弁務官事務所その他政令で定めるもの

三　国際連携平和安全活動に係る実績若しくは専門的能力を有する国際連合憲章第52条に規定する地域的機関又は多国間の条約により設立された機関で，欧州連合その他政令で定めるもの

別表第一（第3条関係）

別表第二（第3条，第32条関係）

一　（略）

二　国際連合の総会によって設立された機関又は国際連合の専門機関で，次に掲げるものその他政令で定めるもの

イ～ホ　（略）

【新設】
へ　国際連合人口基金
へ　（略）
ト　（略）
【新設】
チ　国際連合人間居住計画
ト～リ　（略）
リ～ル　（略）
三　（略）
別表第二（第３条関係）（略）
別表第三（第３条，第 32 条関係）（略）
別表第三（第３条関係）
別表第四（第３条関係）
一　国際連合の総会によって設立された機関又は国際連合の専門機関で，次に掲げるものその他政令で定めるもの
イ～ホ　（略）
【新設】
へ　国際連合人口基金
へ　（略）
ト　（略）
【新設】
チ　国際連合人間居住計画
ト～リ　（略）
リ～ル　（略）
二　（略）

③　周辺事態に際して我が国の平和及び安全を確保するための措置に関する法律

（平成 11・5・28 法 60）（抄・法案３条関係）

【題改】**重要影響事態に際して我が国の平和及び安全を確保するための措置に関する法律**

（目的）

第１条

この法律は，そのまま放置すれば我が国に対する直接の武力攻撃に至るおそれのある事態等我が国周辺の地域における我が国の平和及び安全に重要な影響を与える事態（以下「周辺事態」という。）に対応して我が国が実施する措置，その実施の手続その他の必要な事項を定め，日本国とアメリカ合衆国との間の相互協力及び安全保障条約（以下「日米安保条約」という。）の効果的な運用に寄与し，我が国の平和及び安全の確保に資することを目的とする。

この法律は，そのまま放置すれば我が国に対する直接の武力攻撃に至るおそれのある事態等我が国の平和及び安全に重要な影響を与える事態（以下「重要影響事態」という。）に際し，合衆国軍隊等に対する後方支援活動等を行うことにより，日本国とアメリカ合衆国との間の相互協力及び安全保障条約（中略）**の効果的な運用に寄与することを中核とする重要影響事態に対処する外国との連携を強化し，我が国の平和及び安全の確保に資することを目的とする。**

（周辺事態への対応の基本原則）

（重要影響事態への対応の基本原則）

第２条

① 政府は，周辺事態に際して，適切かつ迅速に，後方地域支援，後方地域捜索救助活動，周辺事態に際して実施する船舶検査活動に関する法律（平成12年法律第145号。以下「船舶検査活動法」という。）に規定する船舶検査活動その他の周辺事態に対応するため必要な措置（以下「対応措置」という。）を実施し，我が国の平和及び安全の確保に努めるものとする。

① 政府は，重要影響事態に際して，適切かつ迅速に，後方支援活動，捜索救助活動，重要影響事態等に際して実施する船舶検査活動に関する法律（平成12年法律第145号）第２条に規定する船舶検査活動（重要影響事態に際して実施するものに限る。以下「船舶検査活動」という。）その他の重要影響事態に対応するため必要な措置（中略）**を実施し，我が国の平和及び安全の確保に努めるものとする。**

② 対応措置の実施は，武力による威嚇又は武力の行使に当たるものであってはならない。

【新設】

③ 後方支援活動及び捜索救助活動は，現に戦闘行為（国際的な武力紛争の一環として行われる人を殺傷し又は物を破壊する行為をいう。以下同じ。）が行われている現場では実施しないものとする。ただし，第７条第６項の規定により行われる捜索救助活動については，この限りでない。

【新設】

④　外国の領域における対応措置については，当該対応措置が行われることについて当該外国（国際連合の総会又は安全保障理事会の決議に従って当該外国において施政を行う機関がある場合にあっては，当該機関）の同意がある場合に限り実施するものとする。

③・④　（略）。

⑤・⑥　（略）

（定義等）

第３条

①　この法律において，次の各号に掲げる用語の意義は，それぞれ当該各号に定めるところによる。

【新設】

一　合衆国軍隊等　重要影響事態に対処し，日米安保条約の目的の達成に寄与する活動を行うアメリカ合衆国の軍隊及びその他の国際連合憲章の目的の達成に寄与する活動を行う外国の軍隊その他これに類する組織をいう。

一　後方地域支援　周辺事態に際して日米安保条約の目的の達成に寄与する活動を行っているアメリカ合衆国の軍隊（以下「合衆国軍隊」という。）に対する物品及び役務の提供，便宜の供与その他の支援措置であって，後方地域において我が国が実施するものをいう。

二　後方支援活動　合衆国軍隊等に対する物品及び役務の提供，便宜の供与その他の支援措置であって，我が国が実施するものをいう。

二　後方地域捜索救助活動　周辺事態において行われた戦闘行為（国際的な武力紛争の一環として行われる人を殺傷し又は物を破壊する行為をいう。以下同じ。）によって遭難した戦闘参加者について，その捜索又は救助を行う活動（救助した者の輸送を含む。）であって，後方地域において我が国が実施するものをいう。

三　捜索救助活動　重要影響事態において行われた戦闘行為によって遭難した戦闘参加者について，その捜索又は救助を行う活動（中略）**であって，我が国が実施するものをいう。**

三　後方地域　我が国領域並びに現に戦闘行為が行われておらず，かつ，そこで実施される活動の期間を通じて戦闘行為が行われることがないと認められる我が国周辺の公海（海洋法に関する国際連合条約に規定する排他的経済水域を含む。以下同じ。）及びその上空の範囲をいう。

現三号【削除】

四　（略）

②　後方地域支援として行う自衛隊に属する物品の提供及び自衛隊による役務の提供

（次項後段に規定するものを除く。）は，別表第一に掲げるものとする。

② **後方支援活動として行う自衛隊に属する物品の提供及び自衛隊による役務の提供**（中略）**は，別表第一に掲げるものとする。**

③　後方地域捜索救助活動は，自衛隊の部隊等（自衛隊法（昭和29年法律第165号）第８条に規定する部隊等をいう。以下同じ。）が実施するものとする。この場合において，後方地域捜索救助活動を行う自衛隊の部隊等において，その実施に伴い，当該活動に相当する活動を行う合衆国軍隊の部隊に対して後方地域支援として行う自衛隊に属する物品の提供及び自衛隊による役務の提供は，別表第二に掲げるものとする。

③ **捜索救助活動は，自衛隊の部隊等**（中略）**が実施するものとする。この場合において，捜索救助活動を行う自衛隊の部隊等において，その実施に伴い，当該活動に相当する活動を行う合衆国軍隊等の部隊に対して後方支援活動として行う自衛隊に属する物品の提供及び自衛隊による役務の提供は，別表第二に掲げるものとする。**

（基本計画）

第４条

①　内閣総理大臣は，周辺事態に際して次に掲げる措置のいずれかを実施することが必要であると認めるときは，当該措置を実施すること及び対応措置に関する基本計画（以下「基本計画」という。）の案につき閣議の決定を求めなければならない。

① **内閣総理大臣は，重要影響事態に際して**（中略）**基本計画**（中略）**の案につき閣議の決定を求めなければならない。**

一　前条第２項の後方地域支援

一　前条第２項の後方支援活動

二　前号に掲げるもののほか，関係行政機関が後方地域支援として実施する措置であって特に内閣が関与することにより総合的かつ効果的に実施する必要があるもの

二　（前略）**関係行政機関が後方支援活動として実施する措置であって特に内閣が関与する**（中略）**必要があるもの**

三　後方地域捜索救助活動

三　捜索救助活動

四　船舶検査活動法第２条に規定する船舶検査活動（以下「船舶検査活動」という。）

四　船舶検査活動

②　基本計画に定める事項は，次のとおりとする。

一　対応措置に関する基本方針

一　重要影響事態に関する次に掲げる事項

イ　事態の経緯並びに我が国の平和及び安全に与える影響

ロ　我が国が対応措置を実施することが必要であると認められる理由

【新設】

二　前号に掲げるもののほか，対応措置の実施に関する基本的な方針

二　前項第一号又は第二号に掲げる後方地域支援を実施する場合における次に掲げる事項

三　前項第一号又は第二号に掲げる後方支援活動を実施する場合における次に掲げる事項

イ　当該後方地域支援に係る基本的事項

イ　当該後方支援活動に係る基本的事項

ロ　当該後方地域支援の種類及び内容

ロ　当該後方支援活動の種類及び内容

ハ　当該後方地域支援を実施する区域の範囲及び当該区域の指定に関する事項

ハ　当該後方支援活動を実施する区域の範囲及び当該区域の指定に関する事項

【新設】

ニ　当該後方支援活動を自衛隊が外国の領域で実施する場合には，当該後方支援活動を外国の領域で実施する自衛隊の部隊等の規模及び構成並びに装備並びに派遣期間

ニ　その他当該後方地域支援の実施に関する重要事項

ホ　その他当該後方支援活動の実施に関する重要事項

三　後方地域捜索救助活動を実施する場合における次に掲げる事項

四　捜索救助活動を実施する場合における次に掲げる事項

イ　当該後方地域捜索救助活動に係る基本的事項

イ　当該捜索救助活動に係る基本的事項

ロ　当該後方地域捜索救助活動を実施する区域の範囲及び当該区域の指定に関する事項

ロ　当該捜索救助活動を実施する区域の範囲及び当該区域の指定に関する事項

ハ　当該後方地域捜索救助活動の実施に伴う前条第３項後段の後方地域支援の実施に関する重要事項（当該後方地域支援を実施する区域の範囲及び当該区域の指定に関する事項を含む。）

ハ　当該捜索救助活動の実施に伴う前条第３項後段の後方支援活動の実施に関する重要事項（当該後方支援活動を実施する区域の範囲及び当該区域の指定に関する事項を含む。）

【新設】

ニ　当該捜索救助活動又はその実施に伴う前条第３項後段の後方支援活動を

自衛隊が外国の領域で実施する場合には，これらの活動を外国の領域で実施する自衛隊の部隊等の規模及び構成並びに装備並びに派遣期間

ニ　その他当該後方地域捜索救助活動の実施に関する重要事項

ホ　その他当該捜索救助活動の実施に関する重要事項

四　船舶検査活動法第４条に規定する事項

五　船舶検査活動を実施する場合における重要影響事態等に際して実施する船舶検査活動に関する法律第４条第１項に規定する事項

五　（略）

六　（略）

六　第二号から前号までに掲げるもののほか，関係行政機関が実施する対応措置のうち特に内閣が関与することにより総合的かつ効果的に実施する必要があるものの実施に関する重要事項

七　第三号から前号までに掲げるもののほか，関係行政機関が実施する対応措置のうち特に内閣が関与する（中略）**必要があるものの実施に関する重要事項**

七・八　（略）

八・九　（略）

【新設】

③　前条第２項の後方支援活動又は捜索救助活動若しくはその実施に伴う同条第３項後段の後方支援活動を外国の領域で実施する場合には，当該外国（第２条第４項に規定する機関がある場合にあっては，当該機関）と協議して，実施する区域の範囲を定めるものとする。

③　第１項の規定は，基本計画の変更について準用する。

④　第１項及び前項の規定は，基本計画の変更について準用する。

（国会の承認）

第５条

①　基本計画に定められた自衛隊の部隊等が実施する後方地域支援，後方地域捜索救助活動又は船舶検査活動については，内閣総理大臣は，これらの対応措置の実施前に，これらの対応措置を実施することにつき国会の承認を得なければならない。ただし，緊急の必要がある場合には，国会の承認を得ないで当該後方地域支援，後方地域捜索救助活動又は船舶検査活動を実施することができる。

①　基本計画に定められた自衛隊の部隊等が実施する後方支援活動，捜索救助活動又は船舶検査活動については，内閣総理大臣は，（中略）**国会の承認を得なければならない。ただし，緊急の必要がある場合には，国会の承認を得ないで当該後方支援活動，捜索救助活動又は船舶検査活動を実施することができる。**

② 前項ただし書の規定により国会の承認を得ないで後方地域支援，後方地域捜索救助活動又は船舶検査活動を実施した場合には，内閣総理大臣は，速やかに，これらの対応措置の実施につき国会の承認を求めなければならない。

② （前略）国会の承認を得ないで後方支援活動，捜索救助活動又は船舶検査活動を実施した場合には，内閣総理大臣は，速やかに，（中略）国会の承認を求めなければならない。

③ 政府は，前項の場合において不承認の議決があったときは，速やかに，当該後方地域支援，後方地域捜索救助活動又は船舶検査活動を終了させなければならない。

③ （前略）不承認の議決があったときは，速やかに，当該後方支援活動，捜索救助活動又は船舶検査活動を終了させなければならない。

（自衛隊による後方地域支援としての物品及び役務の提供の実施）

（自衛隊による後方支援活動としての物品及び役務の提供の実施）

第６条

① 防衛大臣又はその委任を受けた者は，基本計画に従い，第３条第２項の後方地域支援としての自衛隊に属する物品の提供を実施するものとする。

① 防衛大臣又はその委任を受けた者は，基本計画に従い，第３条第２項の後方支援活動としての自衛隊に属する物品の提供を実施するものとする。

② 防衛大臣は，基本計画に従い，第３条第２項の後方地域支援としての自衛隊による役務の提供について，実施要項を定め，これについて内閣総理大臣の承認を得て，防衛省の機関又は自衛隊の部隊等にその実施を命ずるものとする。

② 防衛大臣は，（中略）後方支援活動としての自衛隊による役務の提供について，（中略）防衛省の機関又は自衛隊の部隊等にその実施を命ずるものとする。

③ 防衛大臣は，前項の実施要項において，当該後方地域支援を実施する区域（以下この条において「実施区域」という。）を指定するものとする。

③ 防衛大臣は，（中略）実施される必要のある役務の提供の具体的内容を考慮し，防衛省の機関又は自衛隊の部隊等がこれを円滑かつ安全に実施することができるように当該後方支援活動を実施する区域（中略）を指定するものとする。

④ 防衛大臣は，実施区域の全部又は一部がこの法律又は基本計画に定められた要件を満たさないものとなった場合には，速やかに，その指定を変更し，又はそこで実施されている活動の中断を命じなければならない。

④ 防衛大臣は，実施区域の全部又は一部において，自衛隊の部隊等が第３条第２項の後方支援活動を円滑かつ安全に実施することが困難であると認める場合又は外国の領域で実施する当該後方支援活動についての第２条第４項の同意

が存在しなくなったと認める場合には，速やかに，その指定を変更し，又はそこで実施されている活動の中断を命じなければならない。

⑤　第３条第２項の後方地域支援のうち公海又はその上空における輸送の実施を命ぜられた自衛隊の部隊等の長又はその指定する者は，当該輸送を実施している場所の近傍において，戦闘行為が行われるに至った場合又は付近の状況等に照らして戦闘行為が行われることが予測される場合には，当該輸送の実施を一時休止するなどして当該戦闘行為による危険を回避しつつ，前項の規定による措置を待つものとする。

⑤　（前略）**後方支援活動のうち我が国の領域外におけるものの実施を命ぜられた自衛隊の部隊等の長又はその指定する者は，当該後方支援活動を実施している場所又はその近傍において，戦闘行為が行われるに至った場合**（中略）**には，当該後方支援活動の実施を一時休止するなどして**（中略），**前項の規定による措置を待つものとする。**

⑥　（略）

（後方地域捜索救助活動の実施等）

（捜索救助活動の実施等）

第７条

①　防衛大臣は，基本計画に従い，後方地域捜索救助活動について，実施要項を定め，これについて内閣総理大臣の承認を得て，自衛隊の部隊等にその実施を命ずるものとする。

①　**防衛大臣は，**（中略）**捜索救助活動について，**（中略）**自衛隊の部隊等にその実施を命ずるものとする。**

②　防衛大臣は，前項の実施要項において，当該後方地域捜索救助活動を実施する区域（以下この条において「実施区域」という。）を指定するものとする。

②　**防衛大臣は，**（中略）**実施される必要のある捜索救助活動の具体的内容を考慮し，自衛隊の部隊等がこれを円滑かつ安全に実施することができるように当該捜索救助活動を実施する区域**（中略）**を指定するものとする。**

③　後方地域捜索救助活動を実施する場合において，戦闘参加者以外の遭難者が在るときは，これを救助するものとする。

③　**捜索救助活動を実施する場合において，戦闘参加者以外の遭難者が在るときは，これを救助するものとする。**

④　後方地域捜索救助活動を実施する場合において，実施区域に隣接する外国の領海に在る遭難者を認めたときは，当該外国の同意を得て，当該遭難者の救助を行うことができる。ただし，当該海域において，現に戦闘行為が行われておらず，かつ，当該活動の期間を通じて戦闘行為が行われることがないと認められる場合に限る。

現４項【削除】

⑤　前条第４項の規定は実施区域の指定の変更及び活動の中断について，同条第５項の規定は後方地域捜索救助活動の実施を命ぜられた自衛隊の部隊等の長又はその指定する者について準用する。

④　前条第４項の規定は，実施区域の指定の変更及び活動の中断について準用する。

【新設】

⑤　前条第５項の規定は，我が国の領域外における捜索救助活動の実施を命ぜられた自衛隊の部隊等の長又はその指定する者について準用する。この場合において，同項中「前項」とあるのは，「次条第４項において準用する前項」と読み替えるものとする。

【新設】

⑥　前項において準用する前条第５項の規定にかかわらず，既に遭難者が発見され，自衛隊の部隊等がその救助を開始しているときは，当該部隊等の安全が確保される限り，当該遭難者に係る捜索救助活動を継続することができる。

⑥　第１項の規定は，同項の実施要項の変更（前項において準用する前条第４項の規定により実施区域を縮小する変更を除く。）について準用する。

⑦　（前略）**（第４項において準用する**（中略）**変更を除く。）について準用する。**

⑦　前条の規定は，後方地域捜索救助活動の実施に伴う第３条第３項後段の後方地域支援について準用する。

⑧　（前略）**捜索救助活動の実施に伴う**（中略）**後方支援活動について準用する。**

（武器の使用）

第１１条

①　第６条第２項（第７条第７項において準用する場合を含む。）の規定により後方地域支援としての自衛隊の役務の提供の実施を命ぜられた自衛隊の部隊等の自衛官は，その職務を行うに際し，自己又は自己と共に当該職務に従事する者の生命又は身体の防護のためやむを得ない必要があると認める相当の理由がある場合には，その事態に応じ合理的に必要と判断される限度で武器を使用することができる。

①　第６条第２項（第７条第８項において準用する場合を含む。第５項及び第６項において同じ。）の規定により後方支援活動としての自衛隊の役務の提供の実施を命ぜられ，又は第７条第１項の規定により捜索救助活動の実施を命ぜられた自衛隊の部隊等の自衛官は，自己又は自己と共に現場に所在する他の自衛隊員（自衛隊法第２条第５項に規定する隊員をいう。第６項において同じ。）若しくはその職務を行うに伴い自己の管理の下に入った者の生命又は身体の防護のためやむを得ない必要があると認める相当の理由がある場合には，その事

態に応じ合理的に必要と判断される限度で武器（自衛隊が外国の領域で当該後方支援活動又は当該捜索救助活動を実施している場合については，第4条第2項第三号ニ又は第四号ニの規定により基本計画に定める装備に該当するものに限る。以下この条において同じ。）を使用することができる。

② 第7条第1項の規定により後方地域捜索救助活動の実施を命ぜられた自衛隊の部隊等の自衛官は，遭難者の救助の職務を行うに際し，自己又は自己と共に当該職務に従事する者の生命又は身体の防護のためやむを得ない必要があると認める相当の理由がある場合には，その事態に応じ合理的に必要と判断される限度で武器を使用することができる。

② 前項の規定による武器の使用は，当該現場に上官が在るときは，その命令によらなければならない。ただし，生命又は身体に対する侵害又は危難が切迫し，その命令を受けるいとまがないときは，この限りでない。

【新設】

③ 第1項の場合において，当該現場に在る上官は，統制を欠いた武器の使用によりかえって生命若しくは身体に対する危険又は事態の混乱を招くこととなることを未然に防止し，当該武器の使用が同項及び次項の規定に従いその目的の範囲内において適正に行われることを確保する見地から必要な命令をするものとする。

③ 前二項の規定による武器の使用に際しては，刑法（明治40年法律第45号）第36条又は第37条に該当する場合のほか，人に危害を与えてはならない。

④ 第1項の規定による武器の使用に際しては，刑法（中略）第36条又は第37条に該当する場合のほか，人に危害を与えてはならない。

【新設】

⑤ 第6条第2項の規定により後方支援活動としての自衛隊の役務の提供の実施を命ぜられ，又は第7条第1項の規定により捜索救助活動の実施を命ぜられた自衛隊の部隊等の自衛官は，外国の領域に設けられた当該部隊等の宿営する宿営地（宿営のために使用する区域であって，囲障が設置されることにより他と区別されるものをいう。以下この項において同じ。）であって合衆国軍隊等の要員が共に宿営するものに対する攻撃があった場合において，当該宿営地以外にその近傍に自衛隊の部隊等の安全を確保することができる場所がないときは，当該宿営地に所在する者の生命又は身体を防護するための措置をとる当該要員と共同して，第1項の規定による武器の使用をすることができる。この場合において，同項から第3項まで及び次項の規定の適用については，第1項中「現場に所在する他の自衛隊員（自衛隊法第2条第5項に規定する隊員をいう。第6項において同じ。）若しくはその職務を行うに伴い自己の管理の下に入っ

た者」とあるのは「その宿営する宿営地（第5項に規定する宿営地をいう。次項及び第3項において同じ。）に所在する者」と，「その事態」とあるのは「第5項に規定する合衆国軍隊等の要員による措置の状況をも踏まえ，その事態」と，第2項及び第3項中「現場」とあるのは「宿営地」と，次項中「自衛隊員」とあるのは「自衛隊員（同法第2条第5項に規定する隊員をいう。）」とする。

【新設】

⑥　自衛隊法第96条第3項の規定は，第6条第2項の規定により後方支援活動としての自衛隊の役務の提供（我が国の領域外におけるものに限る。）の実施を命ぜられ，又は第7条第1項の規定により捜索救助活動（我が国の領域外におけるものに限る。）の実施を命ぜられた自衛隊の部隊等の自衛官については，自衛隊員以外の者の犯した犯罪に関しては適用しない。

別表第一（第３条関係）

種　類	内　　容
（略）	（略）
基地業務	廃棄物の収集及び処理，給電並びにこれらに類する物品及び役務の提供
【新設】 宿泊	宿泊設備の利用，寝具の提供並びにこれらに類する物品及び役務の提供
【新設】 保管	倉庫における一時保管，保管容器の提供並びにこれらに類する物品及び役務の提供
【新設】 施設の利用	土地又は建物の一時的な利用並びにこれらに類する物品及び役務の提供
【新設】 訓練業務	訓練に必要な指導員の派遣，訓練用器材の提供並びにこれらに類する物品及び役務の提供

備考

一　物品の提供には，武器（弾薬を含む。）の提供を含まないものとする。

二　物品及び役務の提供には，戦闘作戦行動のために発進準備中の航空機に対する給油及び整備を含まないものとする。

三　物品及び役務の提供は，公海及びその上空で行われる輸送（傷病者の輸送中に行われる医療を含む。）を除き，我が国領域において行われるものとする。

備考　物品の提供には，武器の提供を含まないものとする。

別表第二（第３条関係）

<table>
<tr><th>種　類</th><th>内　　容</th></tr>
<tr><td>（略）</td><td>（略）</td></tr>
<tr><td colspan="2">備考
一　物品の提供には，武器（弾薬を含む。）の提供を含まないものとする。
二　物品及び役務の提供には，戦闘作戦行動のために発進準備中の航空機に対する給油及び整備を含まないものとする。
備考　物品の提供には，武器の提供を含まないものとする。</td></tr>
</table>

④　周辺事態に際して実施する船舶検査活動に関する法律

（平成 12・12・6 法 145）（抄・法案 4 条関係）

【題改】重要影響事態等に際して実施する船舶検査活動に関する法律

（目的）

第１条

この法律は，周辺事態に際して我が国の平和及び安全を確保するための措置に関する法律（平成 11 年法律第 60 号。以下「周辺事態安全確保法」という。）第 1 条に規定する周辺事態に対応して我が国が実施する船舶検査活動に関し，その実施の態様，手続その他の必要な事項を定め，周辺事態安全確保法と相まって，日本国とアメリカ合衆国との間の相互協力及び安全保障条約（以下「日米安保条約」という。）の効果的な運用に寄与し，我が国の平和及び安全の確保に資することを目的とする。

この法律は，重要影響事態（重要影響事態に際して我が国の平和及び安全を確保するための措置に関する法律（平成 11 年法律第 60 号。以下「重要影響事態安全確保法」という。）第 1 条に規定する重要影響事態をいう。以下同じ。）又は国際平和共同対処事態（国際平和共同対処事態に際して我が国が実施する諸外国の軍隊等に対する協力支援活動等に関する法律（平成 27 年法律第　　号。以下「国際平和協力支援活動法」という。）第 1 条に規定する国際平和共同対処事態をいう。以下同じ。）に対応して我が国が実施する船舶検査活動に関し，その実施の態様，手続その他の必要な事項を定め，重要影響事態安全確保法及び国際平和協力支援活動法と相まって，我が国及び国際社会の平和及び安全の確保に資することを目的とする。

（定義）

第２条

この法律において「船舶検査活動」とは，周辺事態に際し，貿易その他の経済活動に係る規制措置であって我が国が参加するものの厳格な実施を確保する目的で，当該厳格な実施を確保するために必要な措置を執ることを要請する国際連合安全保障理事会の決議に基づいて，又は旗国（海洋法に関する国際連合条約第91条に規定するその旗を掲げる権利を有する国をいう。）の同意を得て，船舶（軍艦及び各国政府が所有し又は運航する船舶であって非商業的目的のみに使用されるもの（以下「軍艦等」という。）を除く。）の積荷及び目的地を検査し，確認する活動並びに必要に応じ当該船舶の航路又は目的港若しくは目的地の変更を要請する活動であって，我が国領海又は我が国周辺の公海（海洋法に関する国際連合条約に規定する排他的経済水域を含む。）において我が国が実施するものをいう。

この法律において「船舶検査活動」とは，重要影響事態又は国際平和共同対処事態に際し，（中略）船舶（中略）の積荷及び目的地を検査し，確認する活動並びに必要に応じ当該船舶の航路又は目的港若しくは目的地の変更を要請する活動であって，我が国が実施するものをいう。

（船舶検査活動の実施）

第３条

船舶検査活動は，自衛隊の部隊等（自衛隊法（昭和29年法律第165号）第８条に規定する部隊等をいう。以下同じ。）が実施するものとする。この場合において，船舶検査活動を行う自衛隊の部隊等において，その実施に伴い，当該活動に相当する活動を行う日米安保条約の目的の達成に寄与する活動を行っているアメリカ合衆国の軍隊の部隊に対して後方地域支援（周辺事態安全確保法第３条第１項第一号に規定する後方地域支援をいう。以下同じ。）として行う自衛隊に属する物品の提供及び自衛隊による役務の提供は，周辺事態安全確保法別表第二に掲げるものとする。

①　重要影響事態における船舶検査活動は，自衛隊の部隊等（中略）が実施するものとする。この場合において，重要影響事態における船舶検査活動を行う自衛隊の部隊等において，その実施に伴い，当該活動に相当する活動を行う合衆国軍隊等（重要影響事態安全確保法第３条第１項第一号に規定する合衆国軍隊等をいう。）の部隊に対して後方支援活動（同項第二号に規定する後方支援活動をいう。以下同じ。）として行う自衛隊に属する物品の提供及び自衛隊による役務の提供は，重要影響事態安全確保法別表第二に掲げるものとする。

【新設】

②　国際平和共同対処事態における船舶検査活動は，自衛隊の部隊等が実施するものとする。この場合において，国際平和共同対処事態における船舶検査活

動を行う自衛隊の部隊等において，その実施に伴い，当該活動に相当する活動を行う諸外国の軍隊等（国際平和協力支援活動法第３条第１項第一号に規定する諸外国の軍隊等をいう。）の部隊に対して協力支援活動（同項第二号に規定する協力支援活動をいう。以下同じ。）として行う自衛隊に属する物品の提供及び自衛隊による役務の提供は，国際平和協力支援活動法別表第二に掲げるものとする。

（周辺事態安全確保法に規定する基本計画に定める事項）

（基本計画に定める事項）

第４条

船舶検査活動の実施に際しては，次に掲げる事項を周辺事態安全確保法第４条第１項に規定する基本計画（以下「基本計画」という。）に定めるものとする。

① 重要影響事態における船舶検査活動の実施に際しては，次に掲げる事項を重要影響事態安全確保法第４条第１項に規定する基本計画に定めるものとする。

一 （略）

二 当該船舶検査活動を行う自衛隊の部隊等の規模及び構成

二 当該船舶検査活動を行う自衛隊の部隊等の規模及び構成並びに当該船舶検査活動又はその実施に伴う前条第１項後段の後方支援活動を外国の領域で実施する場合には，これらの活動を外国の領域で実施する自衛隊の部隊等の装備及び派遣期間

三・四 （略）

五 当該船舶検査活動の実施に伴う前条後段の後方地域支援の実施に関する重要事項（当該後方地域支援を実施する区域の範囲及び当該区域の指定に関する事項を含む。）

五 当該船舶検査活動の実施に伴う前条第１項後段の後方支援活動の実施に関する重要事項（当該後方支援活動を実施する区域の範囲及び当該区域の指定に関する事項を含む。）

六 （略）

【新設】

② 国際平和共同対処事態における船舶検査活動の実施に際しては，次に掲げる事項を国際平和協力支援活動法第４条第１項に規定する基本計画に定めるものとする。

一 当該船舶検査活動に係る基本的事項

二 当該船舶検査活動を行う自衛隊の部隊等の規模及び構成並びに当該船舶検査活動又はその実施に伴う前条第２項後段の協力支援活動を外国の領域で実施する場合には，これらの活動を外国の領域で実施する自衛隊の部隊等の装

備及び派遣期間

三　当該船舶検査活動を実施する区域の範囲及び当該区域の指定に関する事項

四　第2条に規定する規制措置の対象物品の範囲

五　当該船舶検査活動の実施に伴う前条第2項後段の協力支援活動の実施に関する重要事項（当該協力支援活動を実施する区域の範囲及び当該区域の指定に関する事項を含む。）

六　その他当該船舶検査活動の実施に関する重要事項

【新設】

③　船舶検査活動又は重要影響事態における船舶検査活動の実施に伴う前条第1項後段の後方支援活動若しくは国際平和共同対処事態における船舶検査活動の実施に伴う同条第2項後段の協力支援活動を外国の領域で実施する場合には，当該外国（重要影響事態安全確保法第2条第4項又は国際平和協力支援活動法第2条第4項に規定する機関がある場合にあっては，当該機関）と協議して，実施する区域の範囲を定めるものとする。

（船舶検査活動の実施の態様等）

第5条

①　防衛大臣は，基本計画に従い，船舶検査活動について，実施要項を定め，これについて内閣総理大臣の承認を得て，自衛隊の部隊等にその実施を命ずるものとする。

①　防衛大臣は，前条第1項又は第2項の基本計画（第5項において単に「基本計画」という。）に従い，（中略）自衛隊の部隊等にその実施を命ずるものとする。

②　防衛大臣は，前項の実施要項において，当該船舶検査活動を実施する区域（以下この条において「実施区域」という。）を指定するものとする。（後略）

②　防衛大臣は，（中略）実施される必要のある船舶検査活動の具体的内容を考慮し，自衛隊の部隊等がこれを円滑かつ安全に実施することができるように当該船舶検査活動を実施する区域（中略）を指定するものとする。（後略）

③　（略）

④　周辺事態安全確保法第6条第4項の規定は，実施区域の指定の変更及び活動の中断について準用する。

④　防衛大臣は，実施区域の全部又は一部において，自衛隊の部隊等が船舶検査活動を円滑かつ安全に実施することが困難であると認める場合又は重要影響事態において外国の領域で実施する船舶検査活動についての重要影響事態安全確保法第2条第4項の同意若しくは国際平和共同対処事態において外国の領域で実施する船舶検査活動についての国際平和協力支援活動法第2条第4項の同意が存在しなくなったと認める場合には，速やかに，その指定を変更し，又は

そこで実施されている活動の中断を命じなければならない。

【新設】

⑤　前項に定めるもののほか，防衛大臣は，実施区域の全部又は一部がこの法律又は基本計画に定められた要件を満たさないものとなった場合には，速やかに，その指定を変更し，又はそこで実施されている活動の中断を命じなければならない。

⑤　第１項の規定は，同項の実施要項の変更（前項において準用する周辺事態安全確保法第６条第４項の規定により実施区域を縮小する変更を除く。）について準用する。

⑥　第１項の規定は，同項の実施要項の変更（前二項の規定により実施区域を縮小する変更を除く。）について準用する。

⑥　周辺事態安全確保法第６条の規定は，船舶検査活動の実施に伴う第３条後段の後方地域支援について準用する。

⑦　重要影響事態安全確保法第６条の規定は重要影響事態における船舶検査活動の実施に伴う第３条第１項後段の後方支援活動について，国際平和協力支援活動法第７条の規定は国際平和共同対処事態における船舶検査活動の実施に伴う第３条第２項後段の協力支援活動について，それぞれ準用する。

（武器の使用）

第６条

①　前条第１項の規定により船舶検査活動の実施を命ぜられた自衛隊の部隊等の自衛官は，当該船舶検査活動の対象船舶に乗船してその職務を行うに際し，自己又は自己と共に当該職務に従事する者の生命又は身体の防護のためやむを得ない必要があると認める相当の理由がある場合には，その事態に応じ合理的に必要と判断される限度で武器を使用することができる。

①　前条第１項の規定により船舶検査活動の実施を命ぜられ，又は同条第７項において準用する重要影響事態安全確保法第６条第２項の規定により重要影響事態における船舶検査活動の実施に伴う第３条第１項後段の後方支援活動としての自衛隊の役務の提供の実施を命ぜられ，若しくは前条第７項において準用する国際平和協力支援活動法第７条第２項の規定により国際平和共同対処事態における船舶検査活動の実施に伴う第３条第２項後段の協力支援活動としての自衛隊の役務の提供の実施を命ぜられた自衛隊の部隊等の自衛官は，自己又は自己と共に現場に所在する他の自衛隊員（自衛隊法第２条第５項に規定する隊員をいう。第５項において同じ。）若しくはその職務を行うに伴い自己の管理の下に入った者の生命又は身体の防護のためやむを得ない必要があると認める相当の理由がある場合には，その事態に応じ合理的に必要と判断される限度で武器（自衛隊が外国の領域で当該船舶検査活動又は当該後方支援活動若しくは

当該協力支援活動を実施している場合については，第4条第1項第二号又は第2項第二号の規定により基本計画に定める装備に該当するものに限る。以下この条において同じ。）を使用することができる。

【新設】

② 前項の規定による武器の使用は，当該現場に上官が在るときは，その命令によらなければならない。ただし，生命又は身体に対する侵害又は危難が切迫し，その命令を受けるいとまがないときは，この限りでない。

【新設】

③ 第1項の場合において，当該現場に在る上官は，統制を欠いた武器の使用によりかえって生命若しくは身体に対する危険又は事態の混乱を招くこととなることを未然に防止し，当該武器の使用が同項及び次項の規定に従いその目的の範囲内において適正に行われることを確保する見地から必要な命令をするものとする。

② 前項の規定による武器の使用に際しては，刑法（明治40年法律第45号）第36条又は第37条に該当する場合のほか，人に危害を与えてはならない。

④ 第1項の規定による武器の使用に際しては，刑法（中略）第36条又は第37条に該当する場合のほか，人に危害を与えてはならない。

【新設】

⑤ 自衛隊法第96条第3項の規定は，前条第1項の規定により船舶検査活動（我が国の領域外におけるものに限る。）の実施を命ぜられ，又は同条第7項において準用する重要影響事態安全確保法第6条第2項の規定により重要影響事態における船舶検査活動の実施に伴う第3条第1項後段の後方支援活動としての自衛隊の役務の提供（我が国の領域外におけるものに限る。）の実施を命ぜられ，若しくは前条第7項において準用する国際平和協力支援活動法第7条第2項の規定により国際平和共同対処事態における船舶検査活動の実施に伴う第3条第2項後段の協力支援活動としての自衛隊の役務の提供（我が国の領域外におけるものに限る。）の実施を命ぜられた自衛隊の部隊等の自衛官については，自衛隊員以外の者の犯した犯罪に関しては適用しない。

⑤ 武力攻撃事態等における我が国の平和と独立並びに国及び国民の安全の確保に関する法律

（平成15・6・13法79）（抄・法案5条関係）

【題改】武力攻撃事態等及び存立危機事態における我が国の平和と独立並びに国及び国民の安全の確保に関する法律

第1章　総則（第1条—第8条）

第2章　武力攻撃事態等への対処のための手続等（第9条—第20条）

第2章　武力攻撃事態等及び存立危機事態への対処のための手続等（第9条—第20条）

第3章　武力攻撃事態等への対処に関する法制の整備（第21条—第23条）

現第3章【削除】

第4章　緊急対処事態その他の緊急事態への対処のための措置（第24条—第27条）

第3章　緊急対処事態その他の緊急事態への対処のための措置（第21条—第24条）

附則

（目的）

第1条

この法律は，武力攻撃事態等（武力攻撃事態及び武力攻撃予測事態をいう。以下同じ。）への対処について，基本理念，国，地方公共団体等の責務，国民の協力その他の基本となる事項を定めることにより，武力攻撃事態等への対処のための態勢を整備し，併せて武力攻撃事態等への対処に関して必要となる法制の整備に関する事項を定め，もって我が国の平和と独立並びに国及び国民の安全の確保に資することを目的とする。

この法律は，武力攻撃事態等（中略）**及び存立危機事態への対処について，基本理念，国，地方公共団体等の責務，国民の協力その他の基本となる事項を定めることにより，武力攻撃事態等及び存立危機事態への対処のための態勢を整備し，もって我が国の平和と独立並びに国及び国民の安全の確保に資することを目的とする。**

（定義）

第2条

この法律において，次の各号に掲げる用語の意義は，それぞれ当該各号に定めるところによる。

この法律（第一号に掲げる用語にあっては，第四号及び第八号ハ(1)を除く。）において，次の各号に掲げる用語の意義は，それぞれ当該各号に定めるところによる。

一　武力攻撃　我が国に対する外部からの武力攻撃をいう。

二　武力攻撃事態　武力攻撃が発生した事態又は武力攻撃が発生する明白な危険が切迫していると認められるに至った事態をいう。

三　武力攻撃予測事態　武力攻撃事態には至っていないが，事態が緊迫し，武力攻撃が予測されるに至った事態をいう。

【新設】

四　存立危機事態　我が国と密接な関係にある他国に対する武力攻撃が発生し，これにより我が国の存立が脅かされ，国民の生命，自由及び幸福追求の権利が根底から覆される明白な危険がある事態をいう。

四～六　（略）

五～七　（略）

七　対処措置　第９条第１項の対処基本方針が定められてから廃止されるまでの間に，指定行政機関，地方公共団体又は指定公共機関が法律の規定に基づいて実施する次に掲げる措置をいう。

八　（略）

イ　武力攻撃事態等を終結させるためにその推移に応じて実施する次に掲げる措置

(1)　（略）

(2)　(1)に掲げる自衛隊の行動及びアメリカ合衆国の軍隊が実施する日本国とアメリカ合衆国との間の相互協力及び安全保障条約（以下「日米安保条約」という。）に従って武力攻撃を排除するために必要な行動が円滑かつ効果的に行われるために実施する物品，施設又は役務の提供その他の措置

(2)　(1)に掲げる自衛隊の行動，アメリカ合衆国の軍隊が実施する日本国とアメリカ合衆国との間の相互協力及び安全保障条約（中略）**に従って武力攻撃を排除するために必要な行動及びその他の外国の軍隊が実施する自衛隊と協力して武力攻撃を排除するために必要な行動が円滑かつ効果的に行われるために実施する物品，施設又は役務の提供その他の措置**

(3)　（略）

ロ　（略）

【新設】

ハ　存立危機事態を終結させるためにその推移に応じて実施する次に掲げる措置

(1)　我が国と密接な関係にある他国に対する武力攻撃であって，これにより我が国の存立が脅かされ，国民の生命，自由及び幸福追求の権利が根底から覆される明白な危険があるもの（以下「存立危機武力攻撃」という。）を排除するために必要な自衛隊が実施する武力の行使，部隊等の展開その他の行動

(2)　(1)に掲げる自衛隊の行動及び外国の軍隊が実施する自衛隊と協力して存立危機武力攻撃を排除するために必要な行動が円滑かつ効果的に行われるために実施する物品，施設又は役務の提供その他の措置

(3)　(1)及び(2)に掲げるもののほか，外交上の措置その他の措置

【新設】

二　存立危機武力攻撃による深刻かつ重大な影響から国民の生命，身体及び財産を保護するため，又は存立危機武力攻撃が国民生活及び国民経済に影響を及ぼす場合において当該影響が最小となるようにするために存立危機事態の推移に応じて実施する公共的な施設の保安の確保，生活関連物資等の安定供給その他の措置

（武力攻撃事態等への対処に関する基本理念）

（武力攻撃事態等及び存立危機事態への対処に関する基本理念）

第３条

①　武力攻撃事態等への対処においては，国，地方公共団体及び指定公共機関が，国民の協力を得つつ，相互に連携協力し，万全の措置が講じられなければならない。

①　武力攻撃事態等及び存立危機事態への対処においては，（中略）万全の措置が講じられなければならない。

②・③　（略）

【新設】

④　存立危機事態においては，存立危機武力攻撃を排除しつつ，その速やかな終結を図らなければならない。ただし，存立危機武力攻撃を排除するに当たっては，武力の行使は，事態に応じ合理的に必要と判断される限度においてなされなければならない。

④　武力攻撃事態等への対処においては，日本国憲法の保障する国民の自由と権利が尊重されなければならず，これに制限が加えられる場合にあっても，その制限は当該武力攻撃事態等に対処するため必要最小限のものに限られ，かつ，公正かつ適正な手続の下に行われなければならない。この場合において，日本国憲法第 14 条，第 18 条，第 19 条，第 21 条その他の基本的人権に関する規定は，最大限に尊重されなければならない。

⑤　武力攻撃事態等及び存立危機事態への対処においては，（中略）国民の自由と権利（中略）に制限が加えられる場合にあっても，その制限は当該武力攻撃事態等及び存立危機事態に対処するため必要最小限のものに限られ，かつ，公正かつ適正な手続の下に行われなければならない。（後略）

⑤　武力攻撃事態等においては，当該武力攻撃事態等及びこれへの対処に関する状況について，適時に，かつ，適切な方法で国民に明らかにされるようにしなければなら

ない。

⑥　武力攻撃事態等及び存立危機事態においては，当該武力攻撃事態等及び存立危機事態並びにこれらへの対処に関する状況について，適時に，かつ，適切な方法で国民に明らかにされるようにしなければならない。

⑥　武力攻撃事態等への対処においては，日米安保条約に基づいてアメリカ合衆国と緊密に協力しつつ，国際連合を始めとする国際社会の理解及び協調的行動が得られるようにしなければならない。

⑦　武力攻撃事態等及び存立危機事態への対処においては，（中略）**アメリカ合衆国と緊密に協力するほか，関係する外国との協力を緊密にしつつ，**（中略）**国際社会の理解及び協調的行動が得られるようにしなければならない。**

（国の責務）

第４条

国は，我が国の平和と独立を守り，国及び国民の安全を保つため，武力攻撃事態等において，我が国を防衛し，国土並びに国民の生命，身体及び財産を保護する固有の使命を有することから，前条の基本理念にのっとり，組織及び機能のすべてを挙げて，武力攻撃事態等に対処するとともに，国全体として万全の措置が講じられるようにする責務を有する。

①　国は，（中略）**武力攻撃事態等及び存立危機事態において，**（中略）**組織及び機能の全てを挙げて，武力攻撃事態等及び存立危機事態に対処するとともに，国全体として万全の措置が講じられるようにする責務を有する。**

【新設】

②　国は，前項の責務を果たすため，武力攻撃事態等及び存立危機事態への円滑かつ効果的な対処が可能となるよう，関係機関が行うこれらの事態への対処についての訓練その他の関係機関相互の緊密な連携協力の確保に資する施策を実施するものとする。

（国民の協力）

第８条

国民は，国及び国民の安全を確保することの重要性にかんがみ，指定行政機関，地方公共団体又は指定公共機関が対処措置を実施する際は，必要な協力をするよう努めるものとする。

国民は，国及び国民の安全を確保することの重要性に鑑み，（中略）**武力攻撃事態等において**（中略）**必要な協力をするよう努めるものとする。**

第２章　武力攻撃事態等への対処のための手続等

第２章　武力攻撃事態等及び存立危機事態への対処のための手続等

（対処基本方針）

第９条

①　政府は，武力攻撃事態等に至ったときは，武力攻撃事態等への対処に関する基本的な方針（以下「対処基本方針」という。）を定めるものとする。

①　政府は，武力攻撃事態等又は存立危機事態に至ったときは，武力攻撃事態等又は存立危機事態への対処に関する基本的な方針(中略)**を定めるものとする。**

②　対処基本方針に定める事項は，次のとおりとする。

一　武力攻撃事態であること又は武力攻撃予測事態であることの認定及び当該認定の前提となった事実

一　対処すべき事態に関する次に掲げる事項

【新設】

イ　事態の経緯，事態が武力攻撃事態であること，武力攻撃予測事態であること又は存立危機事態であることの認定及び当該認定の前提となった事実

【新設】

ロ　事態が武力攻撃事態又は存立危機事態であると認定する場合にあっては，我が国の存立を全うし，国民を守るために他に適当な手段がなく，事態に対処するため武力の行使が必要であると認められる理由

二　当該武力攻撃事態等への対処に関する全般的な方針

二　当該武力攻撃事態等又は存立危機事態への対処に関する全般的な方針

三　対処措置に関する重要事項

③　武力攻撃事態においては，対処基本方針には，前項第三号に定める事項として，次に掲げる内閣総理大臣の承認を行う場合はその旨を記載しなければならない。

③　武力攻撃事態又は存立危機事態においては，対処基本方針には，（中略）**次に掲げる内閣総理大臣の承認を行う場合はその旨を記載しなければならない。**

一～四　（略）

五　防衛大臣が武力攻撃事態等におけるアメリカ合衆国の軍隊の行動に伴い我が国が実施する措置に関する法律（平成16年法律第113号）第10条第３項の規定に基づき実施を命ずる行動関連措置としての役務の提供に関して同項の規定により内閣総理大臣が行う承認

五　（前略）**武力攻撃事態等及び存立危機事態におけるアメリカ合衆国等の軍隊の行動に伴い我が国が実施する措置に関する法律**（中略）**第10条第３項の規定に**（中略）**より内閣総理大臣が行う承認**

六　防衛大臣が武力攻撃事態における外国軍用品等の海上輸送の規制に関する法律（平成16年法律第116号）第４条の規定に基づき命ずる同法第４章の規定による措置に関して同条の規定により内閣総理大臣が行う承認

六　（前略）**武力攻撃事態及び存立危機事態における外国軍用品等の海上輸送の**

規制に関する法律（中略）**第4条の規定に**（中略）**より内閣総理大臣が行う承認**

④　武力攻撃事態においては，対処基本方針には，前項に定めるもののほか，第2項第三号に定める事項として，第一号に掲げる内閣総理大臣が行う国会の承認（衆議院が解散されているときは，日本国憲法第54条に規定する緊急集会による参議院の承認。以下この条において同じ。）の求めを行う場合にあってはその旨を，内閣総理大臣が第二号に掲げる防衛出動を命ずる場合にあってはその旨を記載しなければならない。（後略）

④　武力攻撃事態又は存立危機事態においては，対処基本方針には，（中略）**第2項**（中略）**第一号に掲げる内閣総理大臣が行う国会の承認**（中略）**の求めを行う場合にあってはその旨を，内閣総理大臣が第二号に掲げる防衛出動を命ずる場合にあってはその旨を記載しなければならない。**（後略）

一　内閣総理大臣が防衛出動を命ずることについての自衛隊法第76条第1項の規定に基づく国会の承認の求め

二　自衛隊法第76条第1項の規定に基づき内閣総理大臣が命ずる防衛出動

⑤　武力攻撃予測事態においては，対処基本方針には，第2項第三号に定める事項として，次に掲げる内閣総理大臣の承認を行う場合はその旨を記載しなければならない。

一～四　（略）

五　防衛大臣が武力攻撃事態等におけるアメリカ合衆国の軍隊の行動に伴い我が国が実施する措置に関する法律第10条第3項の規定に基づき実施を命ずる行動関連措置としての役務の提供に関して同項の規定により内閣総理大臣が行う承認

五　（前略）**武力攻撃事態等及び存立危機事態におけるアメリカ合衆国等の軍隊の行動に伴い我が国が実施する措置に関する法律第10条第3項の規定に**（中略）**より内閣総理大臣が行う承認**

⑥～⑮　（略）

（対策本部の設置）

第10条

①　内閣総理大臣は，対処基本方針が定められたときは，当該対処基本方針に係る対処措置の実施を推進するため，内閣法（昭和22年法律第5号）第12条第4項の規定にかかわらず，閣議にかけて，臨時に内閣に武力攻撃事態等対策本部（以下「対策本部」という。）を設置するものとする。

①　内閣総理大臣は，対処基本方針が定められたときは，（中略）**臨時に内閣に事態対策本部**（中略）**を設置するものとする。**

②　（略）

（対策本部の組織）

第11条

① 対策本部の長は，武力攻撃事態等対策本部長（以下「対策本部長」という。）とし，内閣総理大臣（内閣総理大臣に事故があるときは，そのあらかじめ指名する国務大臣）をもって充てる。

① 対策本部の長は，事態対策本部長（中略）**とし，内閣総理大臣**（中略）**をもって充てる。**

②（略）

③ 対策本部に，武力攻撃事態等対策副本部長（以下「対策副本部長」という。），武力攻撃事態等対策本部員（以下「対策本部員」という。）その他の職員を置く。

③ 対策本部に，事態対策副本部長（中略），**事態対策本部員**（中略）**その他の職員を置く。**

④～⑦（略）

（指定行政機関の長の権限の委任）

第13条

① 指定行政機関の長（当該指定行政機関が内閣府設置法第49条第1項若しくは第2項若しくは国家行政組織法第3条第2項の委員会若しくは第2条第四号ロに掲げる機関又は同号ニに掲げる機関のうち合議制のものである場合にあっては，当該指定行政機関。次項において同じ。）は，対策本部が設置されたときは，対処措置を実施するため必要な権限の全部又は一部を当該対策本部の職員である当該指定行政機関の職員又は当該指定地方行政機関の長若しくはその職員に委任することができる。

① 指定行政機関の長（当該指定行政機関が（中略）**第2条第五号ロに掲げる機関**（中略）**にあっては，当該指定行政機関。**（中略））**は，対策本部が設置されたときは，**（中略）**権限の全部又は一部を**（中略）**委任することができる。**

②（略）

（国際連合安全保障理事会への報告）

第18条

政府は，国際連合憲章第51条及び日米安保条約第5条第2項の規定に従って，武力攻撃の排除に当たって我が国が講じた措置について，直ちに国際連合安全保障理事会に報告しなければならない。

政府は，武力攻撃又は存立危機武力攻撃の排除に当たって我が国が講じた措置について，国際連合憲章第51条（武力攻撃の排除に当たって我が国が講じた措置にあっては，同条及び日米安保条約第5条第2項）の規定に従って，直ちに国際連合安全保障理事会に報告しなければならない。

第3章　武力攻撃事態等への対処に関する法制の整備

現第3章【削除】

（事態対処法制の整備に関する基本方針）

第 21 条

① 政府は，第３条の基本理念にのっとり，武力攻撃事態等への対処に関して必要となる法制（以下「事態対処法制」という。）の整備について，次条に定める措置を講ずるものとする。

② 事態対処法制は，国際的な武力紛争において適用される国際人道法の的確な実施が確保されたものでなければならない。

③ 政府は，事態対処法制の整備に当たっては，対処措置について，その内容に応じ，安全の確保のために必要な措置を講ずるものとする。

④ 政府は，事態対処法制の整備に当たっては，対処措置及び被害の復旧に関する措置が的確に実施されるよう必要な財政上の措置を講ずるものとする。

⑤ 政府は，事態対処法制の整備に当たっては，武力攻撃事態等への対処において国民の協力が得られるよう必要な措置を講ずるものとする。この場合においては，国民が協力をしたことにより受けた損失に関し，必要な財政上の措置を併せて講ずるものとする。

⑥ 政府は，事態対処法制について国民の理解を得るために適切な措置を講ずるものとする。

現第 21 条【削除】

（事態対処法制の整備）

第 22 条

政府は，事態対処法制の整備に当たっては，次に掲げる措置が適切かつ効果的に実施されるようにするものとする。

一 次に掲げる措置その他の武力攻撃から国民の生命，身体及び財産を保護するため，又は武力攻撃が国民生活及び国民経済に影響を及ぼす場合において当該影響が最小となるようにするための措置

イ 警報の発令，避難の指示，被災者の救助，消防等に関する措置

ロ 施設及び設備の応急の復旧に関する措置

ハ 保健衛生の確保及び社会秩序の維持に関する措置

ニ 輸送及び通信に関する措置

ホ 国民の生活の安定に関する措置

ヘ 被害の復旧に関する措置

二 武力攻撃を排除するために必要な自衛隊が実施する行動が円滑かつ効果的に実施されるための次に掲げる措置その他の武力攻撃事態等を終結させるための措置（次号に掲げるものを除く。）

イ 捕虜の取扱いに関する措置

ロ　電波の利用その他通信に関する措置

ハ　船舶及び航空機の航行に関する措置

三　アメリカ合衆国の軍隊が実施する日米安保条約に従って武力攻撃を排除するために必要な行動が円滑かつ効果的に実施されるための措置

現第 22 条【削除】

（事態対処法制の計画的整備）

第 23 条

政府は，事態対処法制の整備を総合的，計画的かつ速やかに実施しなければならない。

現第 23 条【削除】

第 4 章　緊急対処事態その他の緊急事態への対処のための措置

第 3 章　（略）

（その他の緊急事態対処のための措置）

第 24 条

第 21 条

①　政府は，我が国の平和と独立並びに国及び国民の安全の確保を図るため，次条から第 27 条までに定めるもののほか，武力攻撃事態等以外の国及び国民の安全に重大な影響を及ぼす緊急事態に的確かつ迅速に対処するものとする。

①　政府は，（中略）**次条から第 24 条までに定めるもののほか，武力攻撃事態等及び存立危機事態以外の**（中略）**緊急事態に的確かつ迅速に対処するものとする。**

②　（略）

（緊急対処事態対処方針）

第 25 条　（略）

第 22 条　（略）

（緊急対処事態対策本部の設置）

第 26 条　（略）

第 23 条　（略）

（準用）

第 27 条

第 24 条

第 3 条（第 2 項，第 3 項ただし書及び第 6 項を除く。），第 4 条から第 8 条まで，第 11 条から第 13 条まで，第 17 条，第 19 条及び第 20 条の規定は，緊急対処事態及び緊急対処事態対策本部について準用する。この場合において，第 3 条第 3 項中「，武

力攻撃」とあるのは「，緊急対処事態における攻撃」と，第４条中「我が国を防衛し」とあるのは「公共の安全と秩序を維持し」と，第８条，第13条第１項及び第17条中「対処措置」とあるのは「緊急対処措置」と，第12条第一号中「対処措置に関する対処基本方針」とあるのは「緊急対処措置に関する緊急対処事態対処方針」と，第19条第１項中「対処基本方針」とあるのは「緊急対処事態対処方針」と読み替えるものとする。

第３条（第２項，第３項ただし書，第４項及び第７項を除く。），第４条から第８条まで（中略）の規定は，緊急対処事態及び緊急対処事態対策本部について準用する。この場合において，（中略）第４条第１項中「我が国を防衛し」とあるのは「公共の安全と秩序を維持し」（中略）と読み替えるものとする。

⑥　武力攻撃事態等におけるアメリカ合衆国の軍隊の行動に伴い我が国が実施する措置に関する法律

（平成16・6・18法113）（抄・法案６条関係）

【題改】**武力攻撃事態等及び存立危機事態におけるアメリカ合衆国等の軍隊の行動に伴い我が国が実施する措置に関する法律**

（目的）

第１条

この法律は，武力攻撃事態等において，日本国とアメリカ合衆国との間の相互協力及び安全保障条約（以下「日米安保条約」という。）に従って武力攻撃を排除するために必要なアメリカ合衆国の軍隊の行動が円滑かつ効果的に実施されるための措置その他の当該行動に伴い我が国が実施する措置について定めることにより，我が国の平和と独立並びに国及び国民の安全の確保に資することを目的とする。

この法律は，武力攻撃事態等において日本国とアメリカ合衆国との間の相互協力及び安全保障条約（中略）に従って武力攻撃を排除するために必要なアメリカ合衆国の軍隊の行動が円滑かつ効果的に実施されるための措置，武力攻撃事態等又は存立危機事態において自衛隊と協力して武力攻撃又は存立危機武力攻撃を排除するために必要な外国軍隊の行動が円滑かつ効果的に実施されるための措置その他のこれらの行動に伴い我が国が実施する措置について定めることにより，我が国の平和と独立並びに国及び国民の安全の確保に資することを目的とする。

（定義）

第２条

この法律において，次の各号に掲げる用語の意義は，それぞれ当該各号に定めるところによる。

一　武力攻撃事態等　武力攻撃事態等における我が国の平和と独立並びに国及び国民の安全の確保に関する法律（平成 15 年法律第 79 号。以下「事態対処法」という。）第 1 条に規定する武力攻撃事態等をいう。

一　武力攻撃事態等　武力攻撃事態等及び存立危機事態における我が国の平和と独立並びに国及び国民の安全の確保に関する法律（中略）**第 1 条に規定する武力攻撃事態等をいう。**

二・三　（略）

【新設】

四　存立危機事態　事態対処法第 2 条第四号に規定する存立危機事態をいう。

【新設】

五　存立危機武力攻撃　事態対処法第 2 条第八号ハ(1)に規定する存立危機武力攻撃をいう。

四　合衆国軍隊　武力攻撃事態等において，日米安保条約に従って武力攻撃を排除するために必要な行動を実施しているアメリカ合衆国の軍隊をいう。

六　特定合衆国軍隊　（略）

【新設】

七　外国軍隊　武力攻撃事態等又は存立危機事態において，自衛隊と協力して武力攻撃又は存立危機武力攻撃を排除するために必要な行動を実施している外国の軍隊（特定合衆国軍隊を除く。）をいう。

五　行動関連措置　武力攻撃事態等において，合衆国軍隊の行動（前号に規定する行動（武力攻撃が発生した事態以外の武力攻撃事態等にあっては，日米安保条約に従って武力攻撃を排除するために必要な準備のための同号に規定する行動）をいう。以下同じ。）が円滑かつ効果的に実施されるための措置その他の合衆国軍隊の行動に伴い我が国が実施する措置であって，対処基本方針（事態対処法第 9 条第 1 項に規定する対処基本方針をいう。以下同じ。）に基づき，自衛隊その他の指定行政機関（事態対処法第 2 条第四号に規定する指定行政機関をいう。以下同じ。）が実施するものをいう。

八　行動関連措置　次に掲げる措置であって，対処基本方針（中略）**に基づき，自衛隊その他の指定行政機関（事態対処法第 2 条第五号に規定する指定行政機関をいう。以下同じ。）が実施するものをいう。**

【新設】

イ　**武力攻撃事態等において，特定合衆国軍隊の行動（第六号に規定する行動（武力攻撃が発生した事態以外の武力攻撃事態等にあっては，日米安保条約に従って武力攻撃を排除するために必要な準備のための同号に規定する行動）をいう。以下同じ。）が円滑かつ効果的に実施されるための措置その他の特定合衆国軍隊の行動に伴い我が国が実施する措置**

【新設】

ロ　**武力攻撃事態等又は存立危機事態において，外国軍隊の行動（前号に規定する行動（武力攻撃が発生した事態以外の武力攻撃事態等にあっては，自衛隊と協力して武力攻撃を排除するために必要な準備のための同号に規定する行動）をいう。以下同じ。）が円滑かつ効果的に実施されるための措置その他の外国軍隊の行動に伴い我が国が実施する措置**

（政府の責務）

第３条

政府は，武力攻撃事態等においては，的確かつ迅速に行動関連措置を実施し，我が国の平和と独立並びに国及び国民の安全の確保に努めるものとする。

政府は，武力攻撃事態等及び存立危機事態においては，（中略）**我が国の平和と独立並びに国及び国民の安全の確保に努めるものとする。**

（行動関連措置の基本原則）

第４条

行動関連措置は，武力攻撃を排除する目的の範囲内において，事態に応じ合理的に必要と判断される限度を超えるものであってはならない。

行動関連措置は，武力攻撃及び存立危機武力攻撃を排除する目的の範囲内において，事態に応じ合理的に必要と判断される限度を超えるものであってはならない。

（地方公共団体及び事業者の責務）

第５条

地方公共団体及び事業者は，指定行政機関から行動関連措置に関し協力を要請されたときは，その要請に応じるよう努めるものとする。

地方公共団体及び事業者は，指定行政機関から武力攻撃事態等において行動関連措置に関し協力を要請されたときは，その要請に応じるよう努めるものとする。

（合衆国政府との連絡）

（合衆国政府等との連絡）

第６条

政府は，第３条の責務を果たすため，武力攻撃事態等の状況の認識及び武力攻撃事

態等への対処に関し，日米安保条約に基づき，アメリカ合衆国政府と常に緊密な連絡を保つよう努めるものとする。

【新設】

② 前項に規定するもののほか，政府は，第３条の責務を果たすため，武力攻撃事態等又は存立危機事態の状況の認識及び武力攻撃事態等又は存立危機事態への対処に関し，関係する外国政府と緊密な連絡を保つよう努めるものとする。

（情報の提供）

第７条

政府は，武力攻撃事態等においては，国民に対し，合衆国軍隊の行動に係る地域その他の合衆国軍隊の行動に関する状況及び行動関連措置の実施状況について，必要な情報の提供を適切に行うものとする。

政府は，武力攻撃事態等又は存立危機事態においては，国民に対し，特定合衆国軍隊の行動又は外国軍隊の行動（以下「特定合衆国軍隊等の行動」という。）に係る地域その他の特定合衆国軍隊等の行動に関する状況及び行動関連措置の実施状況について，必要な情報の提供を適切に行うものとする。

（地方公共団体との連絡調整）

第８条

政府は，合衆国軍隊の行動又は行動関連措置の実施が地方公共団体の実施する対処措置（事態対処法第２条第七号に規定する対処措置をいう。）に影響を及ぼすおそれがあるときは，関係する地方公共団体との連絡調整を行うものとする。

政府は，特定合衆国軍隊等の行動又は行動関連措置の実施が地方公共団体の実施する対処措置（事態対処法第２条第八号に規定する対処措置をいう。）に影響を及ぼすおそれがあるときは，関係する地方公共団体との連絡調整を行うものとする。

（合衆国軍隊の行為に係る通知）

（特定合衆国軍隊の行為に係る通知）

第９条

防衛大臣は，武力攻撃事態（自衛隊法（昭和 29 年法律第 165 号）第 76 条第１項の規定による防衛出動命令があった場合に限る。第 14 条第１項において同じ。）において，合衆国軍隊から，同法第 115 条の 11 第１項若しくは第２項又は第 115 条の 16 第１項に規定する行為をし，又はした旨の連絡を受けたときは，これらの規定の例に準じて通知するものとする。

防衛大臣は，武力攻撃事態（中略）**において，特定合衆国軍隊から**（中略）**連絡を受けたときは，これらの規定の例に準じて通知するものとする。**

（行動関連措置に関する指針の作成）

第13条

①　武力攻撃事態等対策本部長（事態対処法第11条第1項に規定する武力攻撃事態等対策本部長をいう。）は，行動関連措置を的確かつ迅速に実施するため，対処基本方針に基づき，行動関連措置に関する指針を定めることができる。

①　事態対策本部長（事態対処法第11条第1項に規定する事態対策本部長をいう。）は，（中略）**行動関連措置に関する指針を定めることができる。**

②　（略）

（損失の補償）

第14条

①　国は，合衆国軍隊の次の各号に掲げる行為により損失を受けた者がある場合においては，それぞれ当該各号に定める法律の規定の例により，その損失を補償しなければならない。

①　国は，特定合衆国軍隊の次の各号に掲げる行為により損失を受けた者がある場合においては，（中略）**その損失を補償しなければならない。**

一　武力攻撃事態において，合衆国軍隊の行動に係る地域内を緊急に移動するに際して，通行に支障がある場所をう回するために行う自衛隊法第92条の2前段に規定する場所の通行　同条後段

一　武力攻撃事態において，特定合衆国軍隊の行動に係る地域内を緊急に移動するに際して，通行に支障がある場所をう回するために行う自衛隊法第92条の2前段に規定する場所の通行　（略）

二　武力攻撃事態において，道路交通法（昭和35年法律第105号）第114条の5第1項の規定により同項に規定する自衛隊等の使用する車両以外の車両の道路における通行が禁止され，又は制限されている区域又は道路の区間を合衆国軍隊車両（合衆国軍隊の使用する車両をいう。以下この号において同じ。）により通行する場合において，車両その他の物件が通行の妨害となることにより合衆国軍隊の行動の実施に著しい支障を生ずるおそれがあり，かつ，警察官又は当該車両その他の物件の占有者，所有者若しくは管理者のいずれもがその場にいないときに，合衆国軍隊車両の円滑な通行の確保に必要な措置をとるためやむを得ない限度において行う当該車両その他の物件の破損　災害対策基本法（昭和36年法律第223号）第82条第1項

二　武力攻撃事態において，（中略）**通行が禁止され，又は制限されている区域又は道路の区間を特定合衆国軍隊車両（特定合衆国軍隊の使用する車両をいう。**（中略）**）により通行する場合において，車両その他の物件が通行の妨害となることにより特定合衆国軍隊の行動の実施に著しい支障を生ずるおそれがあり，**（中略）**特定合衆国軍隊車両の円滑な通行の確保に必要な措置を**

とるためやむを得ない限度において行う当該車両その他の物件の破損　（略）

②　（略）

（土地の使用等）

第15条

①　防衛大臣は，武力攻撃事態において，合衆国軍隊の用に供するため土地又は家屋（以下「土地等」という。）を緊急に必要とする場合において，その土地等を合衆国軍隊の用に供することが適正かつ合理的であり，かつ，武力攻撃を排除する上で不可欠であると認めるときは，その告示して定めた地域内に限り，日本国とアメリカ合衆国との間の相互協力及び安全保障条約第6条に基づく施設及び区域並びに日本国における合衆国軍隊の地位に関する協定の実施に伴う土地等の使用等に関する特別措置法（昭和27年法律第140号）の規定にかかわらず，期間を定めて，当該土地等を使用することができる。

①　防衛大臣は，武力攻撃事態において，特定合衆国軍隊の用に供するため土地又は家屋（中略）**を緊急に必要とする場合において，その土地等を特定合衆国軍隊の用に供することが適正かつ合理的であり，かつ，武力攻撃を排除する上で不可欠であると認めるときは，その告示して定めた地域内に限り，**（中略）**期間を定めて，当該土地等を使用することができる。**

②　前項の規定により土地を使用する場合において，当該土地の上にある立木その他土地に定着する物件（家屋を除く。以下「立木等」という。）が合衆国軍隊の行動の実施の妨げとなると認められるときは，防衛大臣は，当該立木等を移転することができる。この場合において，事態に照らし移転が著しく困難であると認めるときは，当該立木等を処分することができる。

②　前項の規定により土地を使用する場合において，当該土地の上にある立木その他土地に定着する物件（中略）**が特定合衆国軍隊の行動の実施の妨げとなると認められるときは，防衛大臣は，当該立木等を移転することができる。**（後略）

③　第1項の規定により家屋を使用する場合において，合衆国軍隊の行動の実施のためやむを得ない必要があると認められるときは，防衛大臣は，その必要な限度において，当該家屋の形状を変更することができる。

③　第1項の規定により家屋を使用する場合において，特定合衆国軍隊の行動の実施のためやむを得ない必要があると認められるときは，防衛大臣は，その必要な限度において，当該家屋の形状を変更することができる。

④・⑤　（略）

⑦　武力攻撃事態等における特定公共施設等の利用に関する法律

（平成 16・6・18 法 114）（抄・法案 7 条関係）

（目的）

第１条

この法律は，武力攻撃事態等における特定公共施設等の利用に関し，指針の策定その他の必要な事項を定めることにより，その総合的な調整を図り，もって対処措置等の的確かつ迅速な実施を図ることを目的とする。

（定義）

第２条

①　この法律において「武力攻撃事態等」，「武力攻撃」，「指定行政機関」，「指定公共機関」，「対処基本方針」及び「対策本部長」の意義は，それぞれ武力攻撃事態等における我が国の平和と独立並びに国及び国民の安全の確保に関する法律（平成 15 年法律第 79 号。以下「事態対処法」という。）第 1 条，第 2 条第一号，同条第四号，同条第六号，第 9 条第 1 項及び第 11 条第 1 項に規定する当該用語の意義による。

①　この法律において「武力攻撃事態等」，「武力攻撃」，「指定行政機関」，「指定公共機関」，「対処基本方針」及び「対策本部長」の意義は，それぞれ武力攻撃事態等及び存立危機事態における我が国の平和と独立並びに国及び国民の安全の確保に関する法律（中略）**第 1 条，第 2 条第一号，同条第五号，同条第七号，第 9 条第 1 項及び第 11 条第 1 項に規定する当該用語の意義による。**

②　この法律において「対処措置等」とは，事態対処法第 2 条第七号イ(1)及び(2)に掲げる措置並びに対処基本方針が定められてから廃止されるまでの間に武力攻撃事態等を終結させるためにその推移に応じてアメリカ合衆国の軍隊が実施する日本国とアメリカ合衆国との間の相互協力及び安全保障条約に従って武力攻撃を排除するために必要な行動並びに国民の保護のための措置（武力攻撃事態等における国民の保護のための措置に関する法律（平成 16 年法律第 112 号）第 2 条第 3 項の国民の保護のための措置をいう。第 18 条第 1 項第一号において同じ。）をいう。

②　この法律において「対処措置等」とは，事態対処法第 2 条第八号イ(1)及び(2)に掲げる措置（中略）**及び外国軍隊（武力攻撃事態等及び存立危機事態におけるアメリカ合衆国等の軍隊の行動に伴い我が国が実施する措置に関する法律（平成 16 年法律第 113 号）第 2 条第七号に規定する外国軍隊をいう。）が実施する自衛隊と協力して武力攻撃を排除するために必要な行動並びに国民の保護のための措置**（中略）**をいう。**

③〜⑦　（略）

（電波の利用調整）

第18条

① 総務大臣は，無線局（電波法第2条第五号の無線局をいう。以下この条において同じ。）が行う第一号に掲げる無線通信のうち特定のものを，他の無線局が行う同号又は第二号に掲げる無線通信に優先させるため特に必要があると認めるときは，電波の利用指針に基づき，当該特定の無線通信を行う無線局について，電波法第104条の2第1項の規定により付した免許の条件の変更，自衛隊法（昭和29年法律第165号）第112条第3項の規定による総務大臣の定めの変更その他当該無線局の運用に関し必要な措置を講ずることができる。

一 事態対処法第2条第七号イ(1)若しくは(2)に掲げる措置又は国民の保護のための措置を実施するために必要な無線通信

一 事態対処法第2条第八号イ(1)若しくは(2)に掲げる措置又は国民の保護のための措置を実施するために必要な無線通信

二 （略）

②～④ （略）

（緊急対処事態における特定公共施設等の利用）

第21条

政府は，緊急対処事態（事態対処法第25条第1項の緊急対処事態をいう。）においては，これに的確かつ迅速に対処し，特定公共施設等の円滑かつ効果的な利用を確保するため，第6条，第7条（第11条において準用する場合を含む。），第10条，第12条，第13条，第14条第2項（海域の利用指針の内容に係る部分に限る。）及び第15条から第17条までの規定に準じ，特定公共施設等の利用に関する指針の策定その他の必要な措置を適切に講ずるものとする。

政府は，緊急対処事態（事態対処法第22条第1項の緊急対処事態をいう。）においては，（中略）特定公共施設等の利用に関する指針の策定その他の必要な措置を適切に講ずるものとする。

⑧ 武力攻撃事態における外国軍用品等の海上輸送の規制に関する法律

（平成16・6・18法116）（抄・法案8条関係）

【題改】 武力攻撃事態及び存立危機事態における外国軍用品等の海上輸送の規制に関する法律

（目的）

第１条

この法律は，武力攻撃事態（武力攻撃事態等における我が国の平和と独立並びに国及び国民の安全の確保に関する法律（平成15年法律第79号）第２条第二号に規定する武力攻撃事態をいう。以下同じ。）に際して，我が国領海又は我が国周辺の公海（海洋法に関する国際連合条約に規定する排他的経済水域を含む。以下同じ。）における外国軍用品等の海上輸送を規制するため，自衛隊法（昭和29年法律第165号）第76条第１項の規定により出動を命ぜられた海上自衛隊の部隊が実施する停船検査及び回航措置の手続並びに防衛省に設置する外国軍用品審判所における審判の手続等を定め，もって我が国の平和と独立並びに国及び国民の安全の確保に資することを目的とする。

この法律は，武力攻撃事態（武力攻撃事態等及び存立危機事態における我が国の平和と独立並びに国及び国民の安全の確保に関する法律（中略）**第２条第二号に規定する武力攻撃事態をいう。以下同じ。）及び存立危機事態（同条第四号に規定する存立危機事態をいう。以下同じ。）に際して，**（中略）**海上自衛隊の部隊が実施する**（中略）**手続等を定め，もって我が国の平和と独立並びに国及び国民の安全の確保に資することを目的とする。**

（定義）

第２条

この法律において，次の各号に掲げる用語の意義は，それぞれ当該各号に定めるところによる。

一　外国軍隊等　武力攻撃事態において，武力攻撃（武力攻撃事態等における我が国の平和と独立並びに国及び国民の安全の確保に関する法律第２条第一号に規定する武力攻撃をいう。第16条において同じ。）を行っている外国の軍隊その他これに類する組織をいう。

一　外国軍隊等　武力攻撃事態又は存立危機事態において，武力攻撃（武力攻撃事態等及び存立危機事態における我が国の平和と独立並びに国及び国民の安全の確保に関する法律第２条第一号に規定する武力攻撃をいう。第16条において同じ。）又は存立危機武力攻撃（同法第２条第八号ハ(1)に規定する存立危機武力攻撃をいう。次号において同じ。）を行っている外国の軍隊その他これに類する組織をいう。

二　外国軍用品　次のイからチまでのいずれかに掲げる物品（政令で指定するものに限る。）で外国軍隊等が所在する地域を仕向地とするもの及び次のリからヲまでのいずれかに掲げる物品（政令で指定するものに限る。）で外国軍隊等が所在する我

が国の領域又は我が国周辺の公海上の地域を仕向地とするものをいう。

二　外国軍用品（中略）**次のリからヲまでのいずれかに掲げる物品**（中略）**で，武力攻撃事態においては外国軍隊等が所在する我が国の領域又は我が国周辺の公海（海洋法に関する国際連合条約に規定する排他的経済水域を含む。以下同じ。）上の地域を，存立危機事態においては外国軍隊等が所在する存立危機武力攻撃を受けている外国の領域又は当該外国周辺の公海上の地域を仕向地とするものをいう。**

イ～ヲ　（略）

三～八　（略）

（海上自衛隊の部隊による措置）

第4条

①　防衛大臣は，自衛隊法第76条第1項の規定により海上自衛隊の全部又は一部に出動が命ぜられた場合において，我が国領海又は我が国周辺の公海において外国軍用品等の海上輸送を規制する必要があると認めるときは，内閣総理大臣の承認を得て，同項の規定により出動を命ぜられた海上自衛隊の部隊に，第4章の規定による措置を命ずることができる。

①　防衛大臣は，（中略）**我が国領海，外国の領海（海上自衛隊の部隊が第4章の規定による措置を行うことについて当該外国の同意がある場合に限る。）又は公海において外国軍用品等の海上輸送を規制する必要があると認めるときは，**（中略）**同章の規定による措置を命ずることができる。**

②　（略）

（停船検査）

第16条

艦長等は，武力攻撃が発生した事態において，実施区域を航行している船舶が外国軍用品等を輸送していることを疑うに足りる相当な理由があるときは，この節の定めるところにより，当該実施区域において，当該船舶について停船検査を行うことができる。ただし，当該船舶が軍艦等に警護されている場合は，この限りでない。

艦長等は，武力攻撃が発生した事態又は存立危機事態において，実施区域を航行している船舶が外国軍用品等を輸送していることを疑うに足りる相当な理由があるときは，（中略）**当該船舶について停船検査を行うことができる。**（後略）

（抑留対象者の取扱い）

第38条

停船検査を行う船舶又は回航船舶内に抑留対象者（武力攻撃事態における捕虜等の取扱いに関する法律（平成16年法律第117号）第3条第四号に規定する抑留対象者

をいう。）がある場合におけるその取扱いについては，同法の定めるところによる。

停船検査を行う船舶又は回航船舶内に抑留対象者（武力攻撃事態及び存立危機事態における捕虜等の取扱いに関する法律（中略）第３条第六号に規定する抑留対象者をいう。）がある場合におけるその取扱いについては，同法の定めるところによる。

（審決の取消し）

第 58 条

外国軍用品審判所は，第 52 条第 2 項から第 4 項までの審決をした後，武力攻撃事態が終結したときは，遅滞なく，審決をもってこれを取り消さなければならない。

外国軍用品審判所は，（中略）審決をした後，武力攻撃事態又は存立危機事態が終結したときは，（中略）これを取り消さなければならない。

⑨　武力攻撃事態における捕虜等の取扱いに関する法律

（平成 16・6・18 法 117）（抄・法案 9 条関係）

【題改】武力攻撃事態及び存立危機事態における捕虜等の取扱いに関する法律

（目的）

第 1 条

この法律は，武力攻撃事態における捕虜等の拘束，抑留その他の取扱いに関し必要な事項を定めることにより，武力攻撃を排除するために必要な自衛隊の行動が円滑かつ効果的に実施されるようにするとともに，武力攻撃事態において捕虜の待遇に関する 1949 年 8 月 12 日のジュネーヴ条約（以下「第三条約」という。）その他の捕虜等の取扱いに係る国際人道法の的確な実施を確保することを目的とする。

この法律は，武力攻撃事態及び存立危機事態における捕虜等の拘束，抑留その他の取扱いに関し必要な事項を定めることにより，武力攻撃又は存立危機武力攻撃を排除するために必要な自衛隊の行動が円滑かつ効果的に実施されるようにするとともに，武力攻撃事態及び存立危機事態において（中略）捕虜等の取扱いに係る国際人道法の的確な実施を確保することを目的とする。

（基本原則）

第 2 条

①　国は，武力攻撃事態においてこの法律の規定により拘束され又は抑留された者（以下この条において「捕虜等」という。）の取扱いに当たっては，第三条約その他の

国際的な武力紛争において適用される国際人道法に基づき，常に人道的な待遇を確保するとともに，捕虜等の生命，身体，健康及び名誉を尊重し，これらに対する侵害又は危難から常に保護しなければならない。

① 国は，武力攻撃事態及び存立危機事態においてこの法律の規定により拘束され又は抑留された者（中略）の取扱いに当たっては，（中略）常に人道的な待遇を確保するとともに，捕虜等の生命，身体，健康及び名誉を尊重し，これらに対する侵害又は危難から常に保護しなければならない。

② （略）

③ 何人も，捕虜等に対し，武力攻撃に対する報復として，いかなる不利益をも与えてはならない。

③ 何人も，捕虜等に対し，武力攻撃又は存立危機武力攻撃に対する報復として，いかなる不利益をも与えてはならない。

（定義）

第３条

この法律において，次の各号に掲げる用語の意義は，それぞれ当該各号に定めるところによる。

一 武力攻撃 武力攻撃事態等における我が国の平和と独立並びに国及び国民の安全の確保に関する法律（平成 15 年法律第 79 号。次号において「事態対処法」という。）第 2 条第一号に規定する武力攻撃をいう。

一 武力攻撃 武力攻撃事態等及び存立危機事態における我が国の平和と独立並びに国及び国民の安全の確保に関する法律（（中略）以下この条において「事態対処法」という。）第 2 条第一号に規定する武力攻撃をいう。

二 武力攻撃事態 事態対処法第 2 条第二号に規定する武力攻撃事態をいう。

【新設】

三 存立危機武力攻撃 事態対処法第 2 条第八号ハ(1)に規定する存立危機武力攻撃をいう。

【新設】

四 存立危機事態 事態対処法第 2 条第四号に規定する存立危機事態をいう。

三 敵国軍隊等 武力攻撃事態において，武力攻撃を行っている外国の軍隊その他これに類する組織をいう。

五 敵国軍隊等 武力攻撃事態又は存立危機事態において，武力攻撃又は存立危機武力攻撃を行っている外国の軍隊その他これに類する組織をいう。

四 抑留対象者 次のイからルまでのいずれかに該当する外国人をいう。

六 （略）

イ・ロ （略）

ハ　船舶（軍艦及び各国政府が所有し又は運航する船舶であって非商業的目的のみに使用されるもの（以下「軍艦等」という。）を除く。）であって敵国軍隊等の軍艦等に警護されるもの又は武力攻撃事態における外国軍用品等の海上輸送の規制に関する法律（平成16年法律第116号）第2条第三号に規定する外国軍用品等（ニにおいて「外国軍用品等」という。）を輸送しているものの乗組員（武力攻撃を行っている外国の国籍を有する者に限る。）

ハ　船舶（中略）**であって敵国軍隊等の軍艦等に警護されるもの又は武力攻撃事態及び存立危機事態における外国軍用品等の海上輸送の規制に関する法律**（中略）**第2条第三号に規定する外国軍用品等**（中略）**を輸送しているものの乗組員（武力攻撃又は存立危機武力攻撃を行っている外国の国籍を有する者に限る。）**

ニ　国際民間航空条約第3条に規定する民間航空機であって敵国軍用航空機（敵国軍隊等に属し，かつ，その軍用に供する航空機をいう。）に警護されるもの又は外国軍用品等を輸送しているものの乗組員（同条約第32条(a)に規定する運航乗組員であって，武力攻撃を行っている外国の国籍を有するものに限る。）

ニ　（前略）**外国軍用品等を輸送しているものの乗組員（**（中略）**武力攻撃又は存立危機武力攻撃を行っている外国の国籍を有するものに限る。）**

ホ　（略）

ヘ　第一条約〔編集部注：戦地にある軍隊の傷者及び病者の状態の改善に関する1949年8月12日のジュネーヴ条約〕第26条第1項に規定する武力攻撃を行っている外国の赤十字社その他の篤志救済団体で当該外国の政府が正当に認めたものの職員のうち，ホに掲げる者と同一の任務に当たるもの

ヘ　第一条約第26条第1項に規定する武力攻撃又は存立危機武力攻撃を行っている外国の赤十字社その他の篤志救済団体で（中略）**の職員のうち，ホに掲げる者と同一の任務に当たるもの**

ト　（略）

チ　第一条約第26条第1項に規定する武力攻撃を行っている外国の赤十字社その他の篤志救済団体で当該外国の政府が正当に認めたものの職員のうち，トに掲げる者と同一の任務に当たるもの

チ　第一条約第26条第1項に規定する武力攻撃又は存立危機武力攻撃を行っている外国の赤十字社その他の篤志救済団体で（中略）**の職員のうち，トに掲げる者と同一の任務に当たるもの**

リ～ル　（略）

五　（略）

七　（略）

六　衛生要員　第２章第３節又は第４章第２節に規定する手続により第四号ホ又はへに掲げる外国人に該当する旨の抑留資格認定又は裁決を受けて抑留される者をいう。

八　衛生要員　（中略）**第六号ホ又はへに掲げる外国人に該当する旨の抑留資格認定又は裁決を受けて抑留される者をいう。**

七　宗教要員　第２章第３節又は第４章第２節に規定する手続により第四号ト又はチに掲げる外国人に該当する旨の抑留資格認定又は裁決を受けて抑留される者をいう。

九　宗教要員　（中略）**第六号ト又はチに掲げる外国人に該当する旨の抑留資格認定又は裁決を受けて抑留される者をいう。**

八　区別義務違反者　第２章第３節又は第４章第２節に規定する手続により第四号リに掲げる外国人に該当する旨の抑留資格認定又は裁決を受けて抑留される者をいう。

十　区別義務違反者　（中略）**第六号リに掲げる外国人に該当する旨の抑留資格認定又は裁決を受けて抑留される者をいう。**

九　間諜　第２章第３節又は第４章第２節に規定する手続により第四号ヌに掲げる外国人に該当する旨の抑留資格認定又は裁決を受けて抑留される者をいう。

十一　間諜　（中略）**第六号ヌに掲げる外国人に該当する旨の抑留資格認定又は裁決を受けて抑留される者をいう。**

十　傭兵　第２章第３節又は第４章第２節に規定する手続により第四号ルに掲げる外国人に該当する旨の抑留資格認定又は裁決を受けて抑留される者をいう。

十二　傭兵　（中略）**第六号ルに掲げる外国人に該当する旨の抑留資格認定又は裁決を受けて抑留される者をいう。**

十一～十八　（略）

十三～二十　（略）

（拘束措置）

第４条

自衛隊法第76条第１項の規定により出動を命ぜられた自衛隊の自衛官（以下「出動自衛官」という。）は，武力攻撃が発生した事態において，服装，所持品の形状，周囲の状況その他の事情に照らし，抑留対象者に該当すると疑うに足りる相当の理由がある者があるときは，これを拘束することができる。

（前略）**出動を命ぜられた自衛隊の自衛官**（中略）**は，武力攻撃が発生した事態又は存立危機事態において，**（中略）**抑留対象者に該当すると疑うに足りる相当の理由がある者があるときは，これを拘束することができる。**

（抑留資格認定）

第10条

抑留資格認定官は，第６条第２項又は前条第４項の規定により被拘束者の引渡しを受けたときは，速やかに，当該被拘束者が抑留対象者に該当するかどうかの認定（抑

留対象者に該当する場合にあっては，第３条第四号イからルまでのいずれに該当するかの認定を含む。以下「抑留資格認定」という。）をしなければならない。

抑留資格認定官は，（中略）**被拘束者の引渡しを受けたときは，**（中略）**抑留対象者に該当するかどうかの認定**（（中略）**第３条第六号イからルまでのいずれに該当するかの認定を含む。**（中略））**をしなければならない。**

（抑留資格認定に係る処分）

第16条

① 抑留資格認定官は，被拘束者が抑留対象者（第３条第四号ロ，ハ又はニに掲げる者（以下この条，次条及び第121条第２項において「軍隊等非構成員捕虜」という。）を除く。）に該当する旨の抑留資格認定をしたときは，防衛省令で定めるところにより，直ちに，当該被拘束者にその旨の通知をしなければならない。

① **抑留資格認定官は，被拘束者が抑留対象者（第３条第六号ロ，ハ又はニに掲げる者**（中略）**を除く。）に該当する旨の抑留資格認定をしたときは，**（中略）**当該被拘束者にその旨の通知をしなければならない。**

② 抑留資格認定官は，被拘束者が抑留対象者（軍隊等非構成員捕虜に限る。）に該当する旨の抑留資格認定をする場合においては，併せて，当該被拘束者を抑留する必要性についての判定をしなければならない。この場合において，当該被拘束者の抑留は，武力攻撃を排除するために必要な自衛隊の行動を円滑かつ効果的に実施するため特に必要と認めるときに限るものとし，抑留資格認定官は，あらかじめ，その判定について，防衛大臣の承認を得なければならない。

② （前略）**当該被拘束者の抑留は，武力攻撃又は存立危機武力攻撃を排除するために必要な自衛隊の行動を円滑かつ効果的に実施するため特に必要と認めるときに限る**（中略）。

③～⑤ （略）

（抑留令書の方式）

第18条

第16条第５項の規定により発付される抑留令書には，次に掲げる事項を記載し，抑留資格認定官がこれに記名押印しなければならない。

一・二 （略）

三 抑留資格（抑留資格認定において当該被拘束者が該当すると認められた第３条第四号イからルまでの区分をいう。以下同じ。）

三 **抑留資格**（（中略）**第３条第六号イからルまでの区分をいう。**（中略））

四・五 （略）

（懲戒処分）

第48条

懲戒権者（捕虜収容所長又は捕虜収容所に勤務する幹部自衛官（防衛省設置法（昭和29年法律第164号）第15条第1項に規定する幹部自衛官をいう。）であって政令で定める者をいう。以下同じ。）は，被収容者が次の各号のいずれかの行為をしたときは，当該被収容者に対し，懲戒処分を行うことができる。

一・二　（略）

三　信書の発信その他の方法により我が国の防衛上支障のある通信を試みることその他の武力攻撃に資する行為を行うこと。

三　（前略）**その他の武力攻撃又は存立危機武力攻撃に資する行為を行うこと。**

四　（略）

（面会の停止等）

第82条

①　防衛大臣は，武力攻撃を排除するために必要な自衛隊が実施する武力の行使，部隊等の展開その他の武力攻撃事態への対処に係る状況に照らし，我が国の防衛上特段の必要がある場合には，捕虜収容所長に対し，期間及び捕虜収容所の施設を指定して，前二条の規定による面会の制限又は停止を命ずることができる。

①　防衛大臣は，武力攻撃又は存立危機武力攻撃を排除するために必要な自衛隊が実施する武力の行使，部隊等の展開その他の武力攻撃事態又は存立危機事態への対処に係る状況に照らし，（中略）**前二条の規定による面会の制限又は停止を命ずることができる。**

②　（略）

（基準の作成）

第137条

①　防衛大臣は，武力攻撃事態に際して，遅滞なく，次に掲げる武力攻撃事態における捕虜，衛生要員及び宗教要員の送還に関する基準を作成するものとする。

①　防衛大臣は，武力攻撃事態又は存立危機事態に際して，（中略）**武力攻撃事態又は存立危機事態における**（中略）**送還に関する基準を作成するものとする。**

一〜三　（略）

②　防衛大臣は，武力攻撃事態の終了後，速やかに，送還令書を発付すべき被収容者の順序，被収容者の引渡しを行うべき地（以下「送還地」という。），送還地までの交通手段，送還時に携行を許可すべき携帯品の内容その他の送還の実施に必要な基準（以下「終了時送還基準」という。）を作成するものとする。

②　防衛大臣は，武力攻撃事態又は存立危機事態の終了後，（中略）**送還の実施に必要な基準**（中略）**を作成するものとする。**

③　前二項に規定するもののほか，防衛大臣は，次に掲げる武力攻撃事態における捕

虜の送還に関する基準を作成することができる。

③ （前略）防衛大臣は，次に掲げる武力攻撃事態又は存立危機事態における捕虜の送還に関する基準を作成することができる。

一・二 （略）

④ 前三項に規定するもののほか，防衛大臣は，武力攻撃事態に際して，武力攻撃を行っていない第三条約の締約国に対する次に掲げる措置を講ずるための捕虜の引渡し（以下「移出」という。）に関する基準（以下「移出基準」という。）を作成することができる。

④ （前略）防衛大臣は，武力攻撃事態又は存立危機事態に際して，武力攻撃又は存立危機武力攻撃を行っていない第三条約の締約国に対する次に掲げる措置を講ずるための捕虜の引渡し（中略）に関する基準（中略）を作成することができる。

一・二 （略）

⑤・⑥ （略）

（重傷病捕虜等の送還）

第139条

① 捕虜収容所長は，武力攻撃事態において，捕虜収容所に収容されている捕虜，衛生要員又は宗教要員のうち，送還対象重傷病者に該当すると認めるものがあるときは，速やかに，その者に対し，その旨及び送還に同意する場合には送還される旨の通知をしなければならない。

① 捕虜収容所長は，武力攻撃事態又は存立危機事態において，（中略）送還対象重傷病者に該当すると認めるものがあるときは，（中略）通知をしなければならない。

②～⑥ （略）

（武力攻撃事態における衛生要員及び宗教要員の送還）

（武力攻撃事態又は存立危機事態における衛生要員及び宗教要員の送還）

第140条

① 捕虜収容所長は，武力攻撃事態において，抑留されている衛生要員の人数が衛生要員送還基準に定める人数の上限を超えたときは，当該衛生要員送還基準に従い，その超えた人数に相当する人数の衛生要員について，速やかに，第143条の規定による送還令書を発付するものとする。

① 捕虜収容所長は，武力攻撃事態又は存立危機事態において，（中略）その超えた人数に相当する人数の衛生要員について，速やかに，第143条の規定による送還令書を発付するものとする。

② 捕虜収容所長は，武力攻撃事態において，衛生要員送還基準に従い，抑留されて

いる衛生要員と交代してその任務を行うために入国する者（次項において「交代要員」という。）に対し，同項の規定により抑留令書が発付される場合には，その抑留令書の発付を受ける者の人数に相当する人数の衛生要員について，速やかに，第143条の規定による送還令書を発付するものとする。

②　捕虜収容所長は，武力攻撃事態又は存立危機事態において，（中略）その抑留令書の発付を受ける者の人数に相当する人数の衛生要員について，速やかに，第143条の規定による送還令書を発付するものとする。

③　抑留資格認定官は，防衛大臣の定めるところにより，前項の交代要員について，第4条の規定によりその身体を拘束しないときであっても，その者が抑留対象者（第3条第四号ホに掲げる者に限る。）に該当すると認めるときは，第16条の規定の例により抑留令書を発付することができる。

③　抑留資格認定官は，（中略）抑留対象者（第3条第六号ホに掲げる者に限る。）に該当すると認めるときは，第16条の規定の例により抑留令書を発付することができる。

④　（略）

（武力攻撃事態終了後の送還）

（武力攻撃事態又は存立危機事態の終了後の送還）

第141条

①・②　（略）

（送還の特例）

第146条

①　送還令書の発付を受けた者が，第3条第四号ロ，ヘ又はチに掲げる者に該当し，かつ，敵国軍隊等が属する外国以外の国籍を有する者であるときは，防衛大臣は，その者の希望により，その国籍又は市民権の属する国に向け，我が国から退去することを許可することができる。

①　送還令書の発付を受けた者が，第3条第六号ロ，ヘ又はチに掲げる者に該当し，かつ，敵国軍隊等が属する外国以外の国籍を有する者であるときは，防衛大臣は，その者の希望により，その国籍又は市民権の属する国に向け，我が国から退去することを許可することができる。

②　（略）

（領置武器等の帰属）

第159条

領置武器等については，武力攻撃事態の終了の時までに廃棄されていないときは，同日に国庫に帰属する。

領置武器等については，武力攻撃事態又は存立危機事態の終了の時までに廃

棄されていないときは，同日に国庫に帰属する。

（混成医療委員の指定）

第168条

①　防衛大臣は，武力攻撃事態に際して，被収容者に対する医療業務の実施に関して必要な勧告その他の措置をとるとともに第137条第1項第一号に規定する送還対象重傷病者に該当するかどうかの認定に係る診断を行う者（以下「混成医療委員」という。）として，医師である自衛隊員1名及び外国において医師に相当する者であって指定赤十字国際機関が推薦するもの（以下「外国混成医療委員」という。）2名を指定するものとする。

①　防衛大臣は，武力攻撃事態又は存立危機事態に際して，（中略）**「混成医療委員」**（中略）**1名及び**（中略）**「外国混成医療委員」**（中略）**2名を指定するものとする。**

②　（略）

第6節　死亡時の措置

第171条

①　墓地，埋葬等に関する法律（昭和23年法律第48号）第4条及び第5条第1項の規定は，被拘束者がその身体を拘束されている間に死亡した場合（捕虜収容所において死亡した場合を除く。）におけるその死体の埋葬及び火葬については，適用しない。

①　墓地，埋葬等に関する法律（中略）**第4条及び第5条第1項の規定は，武力攻撃事態に際して，**（中略）**その死体の埋葬及び火葬については，適用しない。**

②　（略）

⑩　国家安全保障会議設置法

（昭和61・5・27法71）（抄・法案10条関係）

（設置）

第1条

我が国の安全保障（以下「国家安全保障」という。）に関する重要事項を審議する機関として，内閣に，国家安全保障会議（以下「会議」という。）を置く。

（所掌事務等）

第2条

① 会議は，次の事項について審議し，必要に応じ，内閣総理大臣に対し，意見を述べる。

一〜三 （略）

四 武力攻撃事態等（武力攻撃事態及び武力攻撃予測事態をいう。以下この条において同じ。）への対処に関する基本的な方針

四 武力攻撃事態等（中略）**又は存立危機事態への対処に関する基本的な方針**

五 武力攻撃事態等への対処に関する重要事項

五 武力攻撃事態等又は存立危機事態への対処に関する重要事項

六 周辺事態への対処に関する重要事項

六 重要影響事態への対処に関する重要事項

七 自衛隊法（昭和29年法律第165号）第3条第2項第二号の自衛隊の活動に関する重要事項

七 国際平和共同対処事態への対処に関する重要事項

【新設】

八 国際連合平和維持活動等に対する協力に関する法律（平成4年法律第79号）第2条第1項に規定する国際平和協力業務の実施等に関する重要事項

【新設】

九 自衛隊法（昭和29年法律第165号）第6章に規定する自衛隊の行動に関する重要事項（第四号から前号までに掲げるものを除く。）

八・九 （略）

十・十一 （略）

十 重大緊急事態（武力攻撃事態等，周辺事態及び次項の規定により第七号又は第八号に掲げる重要事項としてその対処措置につき諮るべき事態以外の緊急事態であつて，我が国の安全に重大な影響を及ぼすおそれがあるもののうち，通常の緊急事態対処体制によつては適切に対処することが困難な事態をいう。第3項において同じ。）への対処に関する重要事項

十二 重大緊急事態（武力攻撃事態等，存立危機事態，重要影響事態，国際平和共同対処事態及び次項の規定により第九号又は第十号に掲げる重要事項としてその対処措置につき諮るべき事態以外の緊急事態であつて，（中略）**通常の緊急事態対処体制によつては適切に対処することが困難な事態をいう。**（中略））**への対処に関する重要事項**

十一 その他国家安全保障に関する重要事項

十三 （略）

② 内閣総理大臣は，前項第一号から第四号までに掲げる事項並びに同項第五号から第八号まで及び第十号に掲げる事項のうち内閣総理大臣が必要と認めるものについて

は，会議に諮らなければならない。

② 内閣総理大臣は，前項第一号から第四号まで及び次の各号に掲げる事項並びに同項第五号から第十号まで及び第十二号に掲げる事項（次の各号に掲げる事項を除く。）のうち内閣総理大臣が必要と認めるものについては，会議に諮らなければならない。

【新設】

一 前項第八号に掲げる事項のうち次に掲げる措置に関するもの

イ 国際連合平和維持活動又は国際連携平和安全活動のために実施する国際平和協力業務であつて国際連合平和維持活動等に対する協力に関する法律第3条第五号トに掲げるもの若しくはこれに類するものとして同号ナの政令で定めるもの又は同号ラに掲げるものの実施に係る国際平和協力業務実施計画の決定及び変更（当該業務の終了に係る変更を含む。）

ロ 人道的な国際救援活動のために実施する国際平和協力業務であつて国際連合平和維持活動等に対する協力に関する法律第3条第五号ラに掲げるものの実施に係る国際平和協力業務実施計画の決定及び変更（当該業務の終了に係る変更を含む。）

ハ 国際連合平和維持活動等に対する協力に関する法律第27条第1項の規定による自衛官の国際連合への派遣

【新設】

二 前項第九号に掲げる事項のうち自衛隊法第84条の3に規定する保護措置の実施に関するもの

③ 第1項の場合において，会議は，武力攻撃事態等，周辺事態及び重大緊急事態に関し，同項第四号から第六号まで又は第十号に掲げる事項について審議した結果，特に緊急に対処する必要があると認めるときは，迅速かつ適切な対処が必要と認められる措置について内閣総理大臣に建議することができる。

③ 第1項の場合において，会議は，武力攻撃事態等，存立危機事態，重要影響事態及び重大緊急事態に関し，同項第四号から第六号まで又は第十二号に掲げる事項について審議した結果，（中略）**内閣総理大臣に建議することができる。**

（議員）

第5条

① 議員は，次の各号に掲げる事項の区分に応じ，当該各号に定める国務大臣をもつて充てる。

一 第2条第1項第一号から第八号まで及び第十一号に掲げる事項 前条第3項に規定する国務大臣，総務大臣，外務大臣，財務大臣，経済産業大臣，国土交通大臣，

防衛大臣，内閣官房長官及び国家公安委員会委員長

一　第2条第1項第一号から第十号まで及び第十三号に掲げる事項　(略)

二　第2条第1項第九号に掲げる事項　外務大臣，防衛大臣及び内閣官房長官

二　第2条第1項第十一号に掲げる事項　(略)

三　第2条第1項第十号に掲げる事項　内閣官房長官及び事態の種類に応じてあらかじめ内閣総理大臣により指定された国務大臣

三　第2条第1項第十二号に掲げる事項　(略)

②〜④　(略)

(事態対処専門委員会)

第9条

①　会議に，事態対処専門委員会（以下この条において「委員会」という。）を置く。

②　委員会は，第2条第1項第四号から第八号まで及び第十号に掲げる事項（同項第七号及び第八号に掲げる事項については，その対処措置につき諮るべき事態に係るものに限る。）の審議を迅速かつ的確に実施するため，必要な事項に関する調査及び分析を行い，その結果に基づき，会議に進言する。

②　委員会は，第2条第1項第四号から第七号まで，第九号，第十号及び第十二号に掲げる事項（同項第九号及び第十号に掲げる事項については，その対処措置につき諮るべき事態に係るものに限る。）の審議（中略）**結果に基づき，会議に進言する。**

③〜⑤　(略)

国際平和共同対処事態に際して我が国が実施する諸外国の軍隊等に対する協力支援活動等に関する法律案

（第 189 回閣 73）


【法案提出理由】

　国際社会の平和及び安全を脅かす事態であって，その脅威を除去するために国際社会が国際連合憲章の目的に従い共同して対処する活動を行い，かつ，我が国が国際社会の一員としてこれに主体的かつ積極的に寄与する必要があるものに際し，当該活動を行う諸外国の軍隊等に対する協力支援活動等を行うことにより，国際社会の平和及び安全の確保に資することができるようにする必要がある。これが，この法律案を提出する理由である

第 1 章　総則

（目的）

第 1 条
　この法律は，国際社会の平和及び安全を脅かす事態であって，その脅威を除去するために国際社会が国際連合憲章の目的に従い共同して対処する活動を行い，かつ，我が国が国際社会の一員としてこれに主体的かつ積極的に寄与する必要があるもの（以下「国際平和共同対処事態」という。）に際し，当該活動を行う諸外国の軍隊等に対する協力支援活動等を行うことにより，国際社会の平和及び安全の確保に資することを目的とする。

（基本原則）

第 2 条
①　政府は，国際平和共同対処事態に際し，この法律に基づく協力支援活動若しくは捜索救助活動又は重要影響事態等に際して実施する船舶検査活動に関する法律（平成 12 年法律第 145 号）第 2 条に規定する船舶検査活動（国際平和共同対処事態に際して実施するものに限る。第 4 条第 2 項第五号において単に「船舶検査活動」

という。）（以下「対応措置」という。）を適切かつ迅速に実施することにより，国際社会の平和及び安全の確保に資するものとする。
② 対応措置の実施は，武力による威嚇又は武力の行使に当たるものであってはならない。
③ 協力支援活動及び捜索救助活動は，現に戦闘行為（国際的な武力紛争の一環として行われる人を殺傷し又は物を破壊する行為をいう。以下同じ。）が行われている現場では実施しないものとする。ただし，第8条第6項の規定により行われる捜索救助活動については，この限りでない。
④ 外国の領域における対応措置については，当該対応措置が行われることについて当該外国（国際連合の総会又は安全保障理事会の決議に従って当該外国において施政を行う機関がある場合にあっては，当該機関）の同意がある場合に限り実施するものとする。
⑤ 内閣総理大臣は，対応措置の実施に当たり，第4条第1項に規定する基本計画に基づいて，内閣を代表して行政各部を指揮監督する。
⑥ 関係行政機関の長は，前条の目的を達成するため，対応措置の実施に関し，防衛大臣に協力するものとする。

（定義等）

第3条

① この法律において，次の各号に掲げる用語の意義は，それぞれ当該各号に定めるところによる。

一 諸外国の軍隊等 国際社会の平和及び安全を脅かす事態に関し，次のいずれかの国際連合の総会又は安全保障理事会の決議が存在する場合において，当該事態に対処するための活動を行う外国の軍隊その他これに類する組織（国際連合平和維持活動等に対する協力に関する法律（平成4年法律第79号）第3条第一号に規定する国際連合平和維持活動，同条第二号に規定する国際連携平和安全活動又は同条第三号に規定する人道的な国際救援活動を行うもの及び重要影響事態に際して我が国の平和及び安全を確保するための措置に関する法律（平成11年法律第60号）第3条第1項第一号に規定する合衆国軍隊等を除く。）をいう。

イ 当該外国が当該活動を行うことを決定し，要請し，勧告し，又は認める決議

ロ イに掲げるもののほか，当該事態が平和に対する脅威又は平和の破壊であるとの認識を示すとともに，当該事態に関連して国際連合加盟国の取組を求める決議

二 協力支援活動 諸外国の軍隊等に対する物品及び役務の提供であって，我が国が実施するものをいう。

三 捜索救助活動 諸外国の軍隊等の活動に際して行われた戦闘行為によって遭難

した戦闘参加者について，その捜索又は救助を行う活動（救助した者の輸送を含む。）であって，我が国が実施するものをいう。

② 協力支援活動として行う自衛隊に属する物品の提供及び自衛隊による役務の提供（次項後段に規定するものを除く。）は，別表第一に掲げるものとする。

③ 捜索救助活動は，自衛隊の部隊等（自衛隊法（昭和29年法律第165号）第8条に規定する部隊等をいう。以下同じ。）が実施するものとする。この場合において，捜索救助活動を行う自衛隊の部隊等において，その実施に伴い，当該活動に相当する活動を行う諸外国の軍隊等の部隊に対して協力支援活動として行う自衛隊に属する物品の提供及び自衛隊による役務の提供は，別表第二に掲げるものとする。

第2章 対応措置等

（基本計画）

第4条

① 内閣総理大臣は，国際平和共同対処事態に際し，対応措置のいずれかを実施することが必要であると認めるときは，当該対応措置を実施すること及び当該対応措置に関する基本計画（以下「基本計画」という。）の案につき閣議の決定を求めなければならない。

② 基本計画に定める事項は，次のとおりとする。

一 国際平和共同対処事態に関する次に掲げる事項

イ 事態の経緯並びに国際社会の平和及び安全に与える影響

ロ 国際社会の取組の状況

ハ 我が国が対応措置を実施することが必要であると認められる理由

二 前号に掲げるもののほか，対応措置の実施に関する基本的な方針

三 前条第2項の協力支援活動を実施する場合における次に掲げる事項

イ 当該協力支援活動に係る基本的事項

ロ 当該協力支援活動の種類及び内容

ハ 当該協力支援活動を実施する区域の範囲及び当該区域の指定に関する事項

ニ 当該協力支援活動を自衛隊が外国の領域で実施する場合には，当該協力支援活動を外国の領域で実施する自衛隊の部隊等の規模及び構成並びに装備並びに派遣期間

ホ 自衛隊がその事務又は事業の用に供し又は供していた物品以外の物品を調達して諸外国の軍隊等に無償又は時価よりも低い対価で譲渡する場合には，その実施に係る重要事項

ヘ その他当該協力支援活動の実施に関する重要事項

四　捜索救助活動を実施する場合における次に掲げる事項
　イ　当該捜索救助活動に係る基本的事項
　ロ　当該捜索救助活動を実施する区域の範囲及び当該区域の指定に関する事項
　ハ　当該捜索救助活動の実施に伴う前条第3項後段の協力支援活動の実施に関する重要事項（当該協力支援活動を実施する区域の範囲及び当該区域の指定に関する事項を含む。）
　ニ　当該捜索救助活動又はその実施に伴う前条第3項後段の協力支援活動を自衛隊が外国の領域で実施する場合には，これらの活動を外国の領域で実施する自衛隊の部隊等の規模及び構成並びに装備並びに派遣期間
　ホ　その他当該捜索救助活動の実施に関する重要事項
五　船舶検査活動を実施する場合における重要影響事態等に際して実施する船舶検査活動に関する法律第4条第2項に規定する事項
六　対応措置の実施のための関係行政機関の連絡調整に関する事項
③　協力支援活動又は捜索救助活動を外国の領域で実施する場合には，当該外国（第2条第4項に規定する機関がある場合にあっては，当該機関）と協議して，実施する区域の範囲を定めるものとする。
④　第1項及び前項の規定は，基本計画の変更について準用する。
（国会への報告）
第5条
　内閣総理大臣は，次に掲げる事項を，遅滞なく，国会に報告しなければならない。
一　基本計画の決定又は変更があったときは，その内容
二　基本計画に定める対応措置が終了したときは，その結果
（国会の承認）
第6条
①　内閣総理大臣は，対応措置の実施前に，当該対応措置を実施することにつき，基本計画を添えて国会の承認を得なければならない。
②　前項の規定により内閣総理大臣から国会の承認を求められた場合には，先議の議院にあっては内閣総理大臣が国会の承認を求めた後国会の休会中の期間を除いて7日以内に，後議の議院にあっては先議の議院から議案の送付があった後国会の休会中の期間を除いて7日以内に，それぞれ議決するよう努めなければならない。
③　内閣総理大臣は，対応措置について，第1項の規定による国会の承認を得た日から2年を経過する日を超えて引き続き当該対応措置を行おうとするときは，当該日の30日前の日から当該日までの間に，当該対応措置を引き続き行うことにつき，基本計画及びその時までに行った対応措置の内容を記載した報告書を添えて国会に付議して，その承認を求めなければならない。ただし，国会が閉会中の場合又は衆

議院が解散されている場合には，その後最初に召集される国会においてその承認を求めなければならない。

④　政府は，前項の場合において不承認の議決があったときは，遅滞なく，当該対応措置を終了させなければならない。

⑤　前二項の規定は，国会の承認を得て対応措置を継続した後，更に２年を超えて当該対応措置を引き続き行おうとする場合について準用する。

（協力支援活動の実施）

第７条

①　防衛大臣又はその委任を受けた者は，基本計画に従い，第３条第２項の協力支援活動としての自衛隊に属する物品の提供を実施するものとする。

②　防衛大臣は，基本計画に従い，第３条第２項の協力支援活動としての自衛隊による役務の提供について，実施要項を定め，これについて内閣総理大臣の承認を得て，自衛隊の部隊等にその実施を命ずるものとする。

③　防衛大臣は，前項の実施要項において，実施される必要のある役務の提供の具体的内容を考慮し，自衛隊の部隊等がこれを円滑かつ安全に実施することができるように当該協力支援活動を実施する区域（以下この条において「実施区域」という。）を指定するものとする。

④　防衛大臣は，実施区域の全部又は一部において，自衛隊の部隊等が第３条第２項の協力支援活動を円滑かつ安全に実施することが困難であると認める場合又は外国の領域で実施する当該協力支援活動についての第２条第４項の同意が存在しなくなったと認める場合には，速やかに，その指定を変更し，又はそこで実施されている活動の中断を命じなければならない。

⑤　第３条第２項の協力支援活動のうち我が国の領域外におけるものの実施を命ぜられた自衛隊の部隊等の長又はその指定する者は，当該協力支援活動を実施している場所若しくはその近傍において戦闘行為が行われるに至った場合若しくは付近の状況等に照らして戦闘行為が行われることが予測される場合又は当該部隊等の安全を確保するため必要と認める場合には，当該協力支援活動の実施を一時休止し又は避難するなどして危険を回避しつつ，前項の規定による措置を待つものとする。

⑥　第２項の規定は，同項の実施要項の変更（第４項の規定により実施区域を縮小する変更を除く。）について準用する。

（捜索救助活動の実施等）

第８条

①　防衛大臣は，基本計画に従い，捜索救助活動について，実施要項を定め，これについて内閣総理大臣の承認を得て，自衛隊の部隊等にその実施を命ずるものとする。

② 防衛大臣は，前項の実施要項において，実施される必要のある捜索救助活動の具体的内容を考慮し，自衛隊の部隊等がこれを円滑かつ安全に実施することができるように当該捜索救助活動を実施する区域（以下この条において「実施区域」という。）を指定するものとする。
③ 捜索救助活動を実施する場合において，戦闘参加者以外の遭難者が在るときは，これを救助するものとする。
④ 前条第４項の規定は，実施区域の指定の変更及び活動の中断について準用する。
⑤ 前条第５項の規定は，我が国の領域外における捜索救助活動の実施を命ぜられた自衛隊の部隊等の長又はその指定する者について準用する。この場合において，同項中「前項」とあるのは，「次条第４項において準用する前項」と読み替えるものとする。
⑥ 前項において準用する前条第５項の規定にかかわらず，既に遭難者が発見され，自衛隊の部隊等がその救助を開始しているときは，当該部隊等の安全が確保される限り，当該遭難者に係る捜索救助活動を継続することができる。
⑦ 第１項の規定は，同項の実施要項の変更（第４項において準用する前条第４項の規定により実施区域を縮小する変更を除く。）について準用する。
⑧ 前条の規定は，捜索救助活動の実施に伴う第３条第３項後段の協力支援活動について準用する。

(自衛隊の部隊等の安全の確保等)

第９条

防衛大臣は，対応措置の実施に当たっては，その円滑かつ効果的な推進に努めるとともに，自衛隊の部隊等の安全の確保に配慮しなければならない。

(関係行政機関の協力)

第10条

① 防衛大臣は，対応措置を実施するため必要があると認めるときは，関係行政機関の長に対し，その所管に属する物品の管理換えその他の協力を要請することができる。
② 関係行政機関の長は，前項の規定による要請があったときは，その所掌事務に支障を生じない限度において，同項の協力を行うものとする。

(武器の使用)

第11条

① 第７条第２項（第８条第８項において準用する場合を含む。第５項及び第６項において同じ。）の規定により協力支援活動としての自衛隊の役務の提供の実施を命ぜられ，又は第８条第１項の規定により捜索救助活動の実施を命ぜられた自衛隊の部隊等の自衛官は，自己又は自己と共に現場に所在する他の自衛隊員（自衛隊法

第2条第5項に規定する隊員をいう。第6項において同じ。）若しくはその職務を行うに伴い自己の管理の下に入った者の生命又は身体の防護のためやむを得ない必要があると認める相当の理由がある場合には，その事態に応じ合理的に必要と判断される限度で武器（自衛隊が外国の領域で当該協力支援活動又は当該捜索救助活動を実施している場合については，第4条第2項第三号ニ又は第四号ニの規定により基本計画に定める装備に該当するものに限る。以下この条において同じ。）を使用することができる。

② 前項の規定による武器の使用は，当該現場に上官が在るときは，その命令によらなければならない。ただし，生命又は身体に対する侵害又は危難が切迫し，その命令を受けるいとまがないときは，この限りでない。

③ 第1項の場合において，当該現場に在る上官は，統制を欠いた武器の使用によりかえって生命若しくは身体に対する危険又は事態の混乱を招くこととなることを未然に防止し，当該武器の使用が同項及び次項の規定に従いその目的の範囲内において適正に行われることを確保する見地から必要な命令をするものとする。

④ 第1項の規定による武器の使用に際しては，刑法（明治40年法律第45号）第36条又は第37条の規定に該当する場合を除いては，人に危害を与えてはならない。

⑤ 第7条第2項の規定により協力支援活動としての自衛隊の役務の提供の実施を命ぜられ，又は第8条第1項の規定により捜索救助活動の実施を命ぜられた自衛隊の部隊等の自衛官は，外国の領域に設けられた当該部隊等の宿営する宿営地（宿営のために使用する区域であって，囲障が設置されることにより他と区別されるものをいう。以下この項において同じ。）であって諸外国の軍隊等の要員が共に宿営するものに対する攻撃があった場合において，当該宿営地以外にその近傍に自衛隊の部隊等の安全を確保することができる場所がないときは，当該宿営地に所在する者の生命又は身体を防護するための措置をとる当該要員と共同して，第1項の規定による武器の使用をすることができる。この場合において，同項から第3項まで及び次項の規定の適用については，第1項中「現場に所在する他の自衛隊員（自衛隊法第2条第5項に規定する隊員をいう。第6項において同じ。）若しくはその職務を行うに伴い自己の管理の下に入った者」とあるのは「その宿営する宿営地（第5項に規定する宿営地をいう。次項及び第3項において同じ。）に所在する者」と，「その事態」とあるのは「第5項に規定する諸外国の軍隊等の要員による措置の状況をも踏まえ，その事態」と，第2項及び第3項中「現場」とあるのは「宿営地」と，次項中「自衛隊員」とあるのは「自衛隊員（同法第2条第5項に規定する隊員をいう。）」とする。

⑥ 自衛隊法第96条第3項の規定は，第7条第2項の規定により協力支援活動としての自衛隊の役務の提供（我が国の領域外におけるものに限る。）の実施を命ぜ

られ，又は第8条第1項の規定により捜索救助活動（我が国の領域外におけるものに限る。）の実施を命ぜられた自衛隊の部隊等の自衛官については，自衛隊員以外の者の犯した犯罪に関しては適用しない。

第3章　雑則

(物品の譲渡及び無償貸付け)

第12条

防衛大臣又はその委任を受けた者は，協力支援活動の実施に当たって，自衛隊に属する物品（武器を除く。）につき，協力支援活動の対象となる諸外国の軍隊等から第3条第1項第一号に規定する活動（以下「事態対処活動」という。）の用に供するため当該物品の譲渡又は無償貸付けを求める旨の申出があった場合において，当該事態対処活動の円滑な実施に必要であると認めるときは，その所掌事務に支障を生じない限度において，当該申出に係る物品を当該諸外国の軍隊等に対し無償若しくは時価よりも低い対価で譲渡し，又は無償で貸し付けることができる。

(国以外の者による協力等)

第13条

① 防衛大臣は，前章の規定による措置のみによっては対応措置を十分に実施することができないと認めるときは，関係行政機関の長の協力を得て，物品の譲渡若しくは貸付け又は役務の提供について国以外の者に協力を依頼することができる。

② 政府は，前項の規定により協力を依頼された国以外の者に対し適正な対価を支払うとともに，その者が当該協力により損失を受けた場合には，その損失に関し，必要な財政上の措置を講ずるものとする。

(請求権の放棄)

第14条

政府は，自衛隊が協力支援活動又は捜索救助活動（以下この条において「協力支援活動等」という。）を実施するに際して，諸外国の軍隊等の属する外国から，当該諸外国の軍隊等の行う事態対処活動又は協力支援活動等に起因する損害についての請求権を相互に放棄することを約することを求められた場合において，これに応じることが相互の連携を確保しながらそれぞれの活動を円滑に実施する上で必要と認めるときは，事態対処活動に起因する損害についての当該外国及びその要員に対する我が国の請求権を放棄することを約することができる。

(政令への委任)

第15条

この法律に定めるもののほか，この法律の実施のための手続その他この法律の施

行に関し必要な事項は，政令で定める。

附則

この法律は，我が国及び国際社会の平和及び安全の確保に資するための自衛隊法等の一部を改正する法律（平成 27 年法律第　　　号）の施行の日から施行する。

別表第一（第３条関係）

種　類	内　　容
補給	給水、給油、食事の提供並びにこれらに類する物品及び役務の提供
輸送	人員及び物品の輸送、輸送用資材の提供並びにこれらに類する物品及び役務の提供
修理及び整備	修理及び整備、修理及び整備用機器並びに部品及び構成品の提供並びにこれらに類する物品及び役務の提供
医療	傷病者に対する医療、衛生機具の提供並びにこれらに類する物品及び役務の提供
通信	通信設備の利用、通信機器の提供並びにこれらに類する物品及び役務の提供
空港及び港湾業務	航空機の離発着及び船舶の出入港に対する支援、積卸作業並びにこれらに類する物品及び役務の提供
基地業務	廃棄物の収集及び処理、給電並びにこれらに類する物品及び役務の提供
宿泊	宿泊設備の利用、寝具の提供並びにこれらに類する物品及び役務の提供
保管	倉庫における一時保管、保管容器の提供並びにこれらに類する物品及び役務の提供
施設の利用	土地又は建物の一時的な利用並びにこれらに類する物品及び役務の提供
訓練業務	訓練に必要な指導員の派遣、訓練用器材の提供並びにこれらに類する物品及び役務の提供

建設	建築物の建設、建設機械及び建設資材の提供並びにこれらに類する物品及び役務の提供
備考　物品の提供には、武器の提供を含まないものとする。	

別表第二（第３条関係）

種　類	内　　　容
補給	給水、給油、食事の提供並びにこれらに類する物品及び役務の提供
輸送	人員及び物品の輸送、輸送用資材の提供並びにこれらに類する物品及び役務の提供
修理及び整備	修理及び整備、修理及び整備用機器並びに部品及び構成品の提供並びにこれらに類する物品及び役務の提供
医療	傷病者に対する医療、衛生機具の提供並びにこれらに類する物品及び役務の提供
通信	通信設備の利用、通信機器の提供並びにこれらに類する物品及び役務の提供
宿泊	宿泊設備の利用、寝具の提供並びにこれらに類する物品及び役務の提供
消毒	消毒、消毒機具の提供並びにこれらに類する物品及び役務の提供
備考　物品の提供には、武器の提供を含まないものとする。	

現在進められている我が国の安全保障政策に対する緊急声明
～「日米防衛協力指針の見直しに関する中間報告」を中心に～

平成 26 年 12 月 1 日

国民安保法制懇

我々国民安保法制懇は，本年 7 月 1 日に政府が行った集団的自衛権の行使容認を含む閣議決定（以下，7 月 1 日閣議決定）に対し，従来の政府見解との論理的整合性がなく，憲法第 9 条と両立しえないこと，憲法によって政治権力を制約する立憲主義を覆す暴挙であることなどの点から，7 月 1 日閣議決定の撤回を求める報告書を 9 月 29 日に公表した。

この報告書では，7 月 1 日閣議決定で示された「（他国への攻撃によって）我が国の存立が脅かされ，国民の生命，自由及び幸福追求の権利が根底から覆される明白な危険」など，いわゆる「武力行使の新 3 要件」の意味するところが不明であり，何ら明確な「歯止め」となっていないことなども指摘したが，その後の臨時国会における審議においても，これらの疑問が解明されたとは到底言い難い状況にある。

10 月 8 日には，日米の外務・防衛両閣僚による協議（いわゆる 2＋2）において，「日米防衛協力のための指針の見直しに関する中間報告」（以下「中間報告」と言う。）が発表された。

中間報告では，「日米同盟のグローバルな性質，地域の他のパートナーとの協力」などを重視する観点から，さまざまな協力項目を例示している。また従来の指針にあった「周辺事態」や「後方地域」の概念を取り払い，世界のいかなる地域においても，米軍が戦闘行為を行っている場所との地理的関係も考慮せず，多様な協力ができることとされた。さらに最終的にガイドラインにおいては，集団的自衛権の行使を含む武力行使や武器使用の拡大が反映されるという。

中間報告は，自衛隊の米軍に対する協力が「いつでも，どこでも，どんなことでも」できるようになると言うものであるが，「いつ，どこで，何をするか」を説明しておらず，すなわち外務・防衛当局に白紙委任することを表明するに等しい。

中間報告は，以下の 3 つの点で重大な問題を抱えている。

第 1 に，そもそも憲法上許されない集団的自衛権の行使を前提としている点である。

過去の指針においては，米軍の戦闘行為との一体化を避けるなど，憲法との整合

性を図られてきた。憲法を最高法規とする法秩序のなかに位置づけられるよう，指針の策定が試みられてきた経緯がある。

しかし，今回の中間報告では，具体的に集団的自衛権行使を前提とした具体的な協力事項については明示されていないものの，実質的に集団的自衛権行使を予定している点で，憲法との整合性が無視されている。憲法の範囲を超える作業がなされているという点で，行政府の権限を逸脱した作業が行われていると言わざるを得ない。

第2に，中間報告の内容は，日米安保条約に明記された根拠すら持たないという点である。78年指針は，安保条約第5条のいわゆる日本有事を対象とし，97年指針の対象であった「周辺事態」は，主として朝鮮半島における事態など，いわゆる安保条約第6条事態を念頭に置いていた。

しかし，今回の中間報告では，安保条約に直接の根拠がない「同盟のグローバルな性質」を述べている。このような地球規模の防衛協力であって，武力行使を伴う可能性があることについて両国間の合意を目指すのであれば，安保条約の範囲を超えた内容を行政府が進めていることに他ならず，この点でも明確に行政府の権限を逸脱している。

第3に，安全保障政策の観点から言えば，周辺事態の概念を廃止することは，我が国の平和と安全確保のあり方を根本から変える可能性があるという点である。周辺事態とは，「我が国周辺における事態であって，そのまま放置すれば我が国への武力攻撃に至るなど，我が国の平和と安全に重要な影響を与える事態」とされていた。(周辺事態安全確保法第1条)

かかる事態においては，早期に事態を収拾するために行動する米軍を支援することによって，我が国が戦争に巻き込まれないようにすることを目的としていた。つまり周辺事態とは，我が国有事への波及を防ぐために我が国有事と区別するべく創設された概念である。

今回中間報告で周辺事態の概念を排除したことは，日米防衛協力の地理的範囲を拡大するだけではない。集団的自衛権を行使して米軍と共同の作戦を行うことも想定されているのであるから，我が国への波及を防ぐどころか，あらゆる事態において米軍とともに進んで戦争当事国になる可能性があることを意味している。これは，我が国の安全保障政策の基本的方針の大転換以外の何物でもない。

安倍首相は，「(集団的自衛権の行使によって) 日本が戦争に巻き込まれるというのは誤解」と述べている。しかし，まさに「戦争に巻き込まれる」のではなく「進んで戦争に参加する」ことになる，という点で，事態はより深刻である。

このように，中間報告は，憲法及び日米安保の範囲を逸脱し，行政府の権限を越えた対米公約であり，我が国の安全保障政策の基本的方針の大転換と言うべきもの

である。

しかし，中間報告については，国会での審議がなされていないばかりか，主権者である国民の判断も仰ぐこともなく，最終報告に向けた作業が急ピッチで進められている。我が国の根幹に関わる問題を，民主主義的な手続きを無視して進められている点について，強い危惧を抱かざるを得ない。

とりわけ，集団的自衛権の行使によって自衛隊が大きな危険にさらされることや我が国への攻撃を誘発して国民に被害が及ぶ可能性が高まることなど，政策転換に伴うリスクやコストについて全く語られていないことは，国民を愚弄するに等しいものと厳しく批判されなければならない。

我々は，主権者である国民の賢明な判断を期待するとともに，「国民の生命，自由，幸福追求の権利」を守るためにも，現在進められている安全保障政策に対する批判を続けていくことを表明する。

～国民安保法制懇・緊急声明～
米国重視・国民軽視の新ガイドライン・「安保法制」の撤回を求める

平成27年5月15日

国民安保法制懇

政府は，昨年7月1日の集団的自衛権行使容認の閣議決定及び本年4月末の「日米防衛協力のための指針（新ガイドライン）」を受けて，これを実現するための，いわゆる「安保法制」を国会に提出した。

国民安保法制懇は，昨年の閣議決定が非論理的なものであり，政府の権限を逸脱した不当な憲法解釈の変更であり，憲法に反するものとして批判してきた。今回の「安保法制」と称される一連の法律改正は，それを制度として実現するためのものであり，我々はその違憲性を重ねて強く指摘し，その撤回を求める。

新ガイドライン・「安保法制」の問題点は多岐に渡るが，以下の点にしぼって，問題点を指摘する。

1　国民主権と議会制民主主義下のあるべき立法についての基本認識の欠如について

「安保法制」は，「切れ目なく」米国の軍事行動を支援することをうたった新ガイドラインを実行するためのものであるが，このような安全保障・国防に関わる方針の大転換を，政府は，国民の理解や国会での十分な審議なしに実現しようとしている。

それが米国に奉仕することを主目的としていることは，安倍晋三首相自らが4月末の訪米時に，オバマ大統領との会談において，新ガイドラインが「日米同盟の新時代」を画する歴史的意味を持つことを自画自賛し，その裏付けとなる新安保法制を今夏までに成立させることを，米議会における演説で事実上公約したことに如実に表れている。

安全保障・国防に関わる方針の大転換は，大多数の国民の理解と国会における超党派の実質的合意なくして実現することは不可能である。それにもかかわらず，国会における説明も議論もないまま，同盟国米国との合意を先行させ，これを既成事実として事後的に国会に法案を提出し，その成立時期まで制約しようとする姿勢は，健全な相互批判と粘り強い合意形成によって成り立つはずの民主主義日本の「存立を脅かす」ものと言わなければならない。

2　新ガイドライン・「安保法制」の内容の問題について

(1)　新ガイドライン・「安保法制」は，自衛隊派遣の地理的制約をなくし，米国を中心とする国際秩序維持に無制限に，「切れ目なく」協力するものとなっている一方，国会による統制は著しく脆弱なものとなっている。

新ガイドラインには，平時からの政策調整，運用調整及びさまざまな事態に対応する共同計画の策定がうたわれており，今後，そのプロセスを通じて中東，南シナ海などで生起する可能性があるさまざまな事態における対米協力があらかじめ合意されるとともに，「安保法制」に言うところの国会承認を求める段階に至って初めて国会と国民の前に明らかにされることになる。

さらに，その国会承認は，両院に7日以内の議決を要求するのであるから，一歩誤れば国の将来に災いをもたらしかねない各種事態に関する国策が，実質14日間の国会審議で決められることになる。

現実には自衛隊の派遣等に対する国会による統制は極めて脆弱であり，議会制民主主義による歯止めが全く期待できないという点で問題である。

(2)　新ガイドライン・「安保法制」が目指す自衛隊の海外における武器使用権限の拡大により，自衛隊は，他国軍隊と同じROE（交戦規則または部隊行動基準）に従って行動することとなり，事実上の軍隊へと変質することになるが，これは明らかに憲法9条違反である。

「安保法制」では，武器使用の基準や危害許容要件について，警察官職務執行法と同様の規定が設けられている。他方，国家意志に従い海外における事実上の交戦を行うことによって生じる殺傷・破壊について，その責任は指揮官にあるのか実行者たる隊員にあるのか，あるいは派遣を命じた政治家にあるのか，さらに，誰が，いかなる根拠で起訴あるいは不起訴の処分を行うのかといった法手続きは，軍隊の保有を禁じた現憲法の下で想定することはできないのであって，この意味でも，「安保法制」が憲法と矛盾した法制となることを強く指摘しなければならない。

また，従来，非戦闘地域において自己保存のための武器使用に限定すれば足りる任務に従事してきた自衛隊は，事実上の戦闘を前提とした任務をも与えられることとなり，隊員は，従来の任務に比べ質的に異なる高度な危険にさらされることになることについても，厳しく批判しておかねばならない。

(3)　新ガイドライン・安保法制が予定する「平時からの米艦船等の防護」は，昨年5月に安倍首相に提出された「安保法制懇」報告書においては，集団的自衛権の行使と位置づけられていたものである。しかるに，今回の安保法制では，これを「受動的・限定的な武器使用」と認識して平時からの自衛隊の権限としている。

このことの意味は，極めて重大である。すなわち，従来は日本有事の際の共同防衛の一環として米艦防護ができるにとどまっていたものを，平時の共同パトロールや情勢緊迫時の威嚇的軍事演習の際，国会承認も，政治の命令すら待たずに現場の判断で，米艦を攻撃する相手と交戦することを認めるものであるからである。

新ガイドラインに合意した日米双方の閣僚が述べていたように，南シナ海における中国の軍事行動に対抗するものとして自衛隊が米艦等の防護を行うとすれば，それは，日本国民が知らないうちに，日本が中国との戦争状態に入る恐れがあることを意味している。

「安保法制」は，なし崩し的に国民を戦争の犠牲に引きずりこむ危険性を高めるものであって，到底許されるものではない。

(4)　日本が多くを負担し，米国は条約上最低限度の義務を確認したにすぎない新ガイドラインは，日米間の不平等を新たな段階に深化させるものと言わざるを得ない。

今回のガイドラインについて，離島防衛に対するアメリカのコミットメントを確認したと評価する向きもあるが，ガイドラインでは，離島を含む陸上攻撃への対処について，「自衛隊が主体となって行い，米軍は支援・補完をする」旨定められた。

自衛隊の役割をグローバルに拡大する一方で，日米安保条約の中核となるアメリカの日本防衛義務については，何ら具体的に述べられてはいないのである。

「抑止力」が高まる，との宣伝がされているが，現実には我が国の負担が飛躍的に高まり，日米間の不平等がさらに深化するという点で問題は極めて深刻である。

3　結論

新ガイドライン・「安保法制」は，日本が，政策と現場の両面を通じて米国の戦略により一層深く組み込まれ，米国の要請に従って，平時から「切れ目なく」戦争のリスクを引き受けるとの対米合意であり，それを制度化するための国内法制である。

こうした合意・制度は，その政治的手順を含めて憲法の下の法秩序と相容れず，自衛隊に多くの犠牲を強いるばかりでなく，国民に戦争のリスクを強いるものであって，断じて容認することはできない。

「安保法制」の撤回を強く求める。

憲法前文と集団的自衛権

(日弁連平成27年4月7日集会発言要旨)

弁護士（元最高裁判所判事）
那 須 弘 平

1 「日本は，戦争を行わない。国として戦争を自ら仕掛けることは勿論，巻き込まれたり引きずり込まれたりして行うことも含め，戦争という行為を自ら禁じる」。「戦争を誘発するリスクの高い戦力も保持しない」。これが日本国憲法の基本となる原則です。

憲法前文に，この原則を端的に示す文章があります。「政府の行為によって再び戦争の惨禍が起こることのないようにすることを決意し」た，というものです。「平和」という言葉も出てきます。4回も出てきます。前文は，不戦を約束する誓いの言葉であり，平和を願う祈りの言葉です。これはまた，戦争によって苦難を強いられた国民及び侵略によって人的・物的に多大な被害を受けた周辺諸国に対する懺悔と謝罪の書でもあるのです。

2 近代の戦争にあっては，一度，戦争に巻き込まれれば，憲法も，そこで保障する自由や平等，財産権等の基本的人権も吹き飛ばされます。これが戦争の現実です。この現実を直視するとき，憲法前文の言葉は，制定から70年を経ようとする今もなお，意義を失っておらず，むしろ高性能の大量破壊兵器の使用が伝えられる中で，重みを増しているとも言えます。

3 現実の国際社会においては，憲法が期待したことがそのまま罷りとおるような甘い社会ではありませんでした。第二次大戦以降も，米ソ対立を中心とする東西冷戦，ベトナムやアフガンにおける戦争や米中の勢力争い，そして西欧諸国と中東イスラム諸国との文明の対立ともいうべき紛争等が，次々に起きました。

その中で，日本は，一方で平和憲法を掲げ，恒久平和主義を採りながら，他方で日米安全保障条約を締結し，米国の核の傘の下で，自衛隊を創設して米国に協力する姿勢を執ってきました。平和理念だけで国際社会をわたりきることは難しく，米国の核の傘の下で，何とか生き延びてきたのです。このような日本の選択に対して，様々な評価の仕方がありましょうが，私は，憲法の掲げる平和主義の理念を曲がりなりにも維持しつつ，米国に寄り添う形で現在に至った現実重視の路線は，それな

りに評価してよいと思います。今から振り返ると際どい選択の連続であり，一歩間違えれば今の日本の姿はなかったというのが，私の率直な感想です。

4　今回の集団的自衛権をめぐる議論も，突き詰めれば，憲法前文及び9条に示された平和主義の理念と，米国との現実的協調路線をどう調和させるか，という問題の一環です。

関連して2つの問題があります。第1は，米国が，日本の集団的自衛権行使を本当に期待しているのか，ということです。米国の中にもいろいろな政治勢力があり，時によって変化もします。その中で，米国の真の声というのは，どの辺にあるのか，今後変化していく可能性はないか，なお，慎重に見極める必要があります。しかし，今日はこの点については触れないことにします。

問題の第2は，無制限な集団的自衛権行使に歯止めをかけるブレーキ役を果たすものとして，何があるかということです。平成26年7月の閣議決定に盛り込まれた「新3要件」は，①我が国の存立が脅かされ，国民の生命，自由及び幸福追求の権利が根底から覆される明白な危険があること，②我が国の存立を全うし，国民を守るために他に適当な手段がないこと，③必要最小限度の実力行使にとどまるべきことの3点から成ります。これが文字どおり守られるのなら，従来の自衛権行使の範囲内に収まり，あるいは，収まらない部分があるとしても従来の自衛権行使に準じる範囲内の行為であるとする理屈には一定の合理性もあるように見えます。しかし，さらに考えると，ここにいう基準は茫漠としていて，判断をする者次第で，結論がどちらに転ぶか予測がつかないという深刻な問題を抱えています。

特に①「日本の存立が脅かされ，国民の権利が根底から覆される明白な危険がある事態」というのは，問題です。これがいかなる事態を指すのか，それが中東等の遠国で起きる場合には，軍事機密情報に欠かせない情報の制約の問題もあって，適時適切な情報が開示される可能性は期待できないのではないでしょうか。近隣諸国で起きる場合でも，マスコミの加熱した報道の中で，一般国民が冷静に判断できる可能性は少なく，国会もその影響を受ける危険性は高いでしょう。我が国における過去の歴史に鑑みれば，政府もこのような国民の雰囲気に押されて，好むと好まないとに関わらず，過激な行動に走り，開戦ないし実力行使に走る危険性が高まります。集団的自衛権の名の下に，日本が無用な戦争に駆り立てられる危険性は小さいとは言えず，そこに，憲法前文が危惧し，9条が禁じるところの落とし穴が待ち構えていない保障はないのです。

5　上記の危惧に関連して，さらに問題なのは，新3要件の存否を判断する有力な政治家集団が，憲法改正を党是とし，具体的に憲法改正案なるものを公表している

ことです。その案では，現行憲法の前文が全て削除され，似ても似つかない別物と差し替えられています。

この憲法改正案の目指すところは，現行憲法前文の中核に存する平和主義の思想・政治哲学を否定することにこそあるといっても過言ではありません。この度の集団的自衛権の閣議決定も，この改正実現が思うように進まない中で，とりあえず憲法前文（及びこれに基づく９条）の戦争放棄条項を空文化するための迂回策として採られたものであるとも解されます。

6　米国の独立宣言も，フランスの人権宣言も，自由で平等な理想社会実現のために身命を投げ打った犠牲者の屍の上に成立したものでした。日本国憲法の場合はどうでしょうか。異国の地に散っていった300万を超える兵士たちの命と，内地にあって戦災の中で生命を奪われ，あるいは家族・財産を奪われて塗炭の苦しみを味わった国民的犠牲の上に作られたものが現行憲法であり，そのエッセンスが憲法前文なのです。それは，米国の独立宣言，フランスの人権宣言に匹敵するものです。独立宣言なくして米国の今はなく，フランス人権宣言を語らずして現在のフランスを理解することはできないのと同様に，現在の平和大国日本も，憲法前文を抜きにしては語れないはずです。

憲法前文の締めくくりの言葉は，「日本国民は，国家の名誉にかけ，全力をあげてこの崇高な理想と目的を達成することを誓う」というものです。「崇高な理想」の核心に，平和主義の理念が位置することは言うまでもありません。その理念が廃棄されようとしている今，日本国民は，異国の戦場に散っていった兵士たち，戦禍の中で非業の死を遂げた内外の人々に対して，この前文の誓いを十分に果たしたと胸を張って報告できる状況にあるのでしょうか。言い訳できるでしょうか。そこに恥じるところはないのでしょうか。

※　実際の発言では，時間の関係で２及び３は割愛し，４及び６も大幅に短縮した。